不完美的世界里，我们要学会适可而止

姜士伟 / 编著

BUWANMEI DE SHIJIE LI
WOMEN YAO XUEHUI SHIKEERZHI

文汇出版社

图书在版编目（CIP）数据

不完美的世界里，我们要学会适可而止 / 姜士伟编
著 . — 上海：文汇出版社，2016.3
ISBN 978-7-5496-1347-2

Ⅰ . ①不… Ⅱ . ①姜… Ⅲ . ①人生哲学 – 通俗读物
Ⅳ . ① B821-49

中国版本图书馆 CIP 数据核字（2016）第 064847 号

不完美的世界里，我们要学会适可而止

著　　者 / 姜士伟
责任编辑 / 戴　铮
装帧设计 / 天之赋设计室

出版发行 / **文匯** 出版社
　　　　　　上海市威海路 755 号
　　　　　　（邮政编码：200041）
经　　销 / 全国新华书店
印　　制 / 河北浩润印刷有限公司
版　　次 / 2016 年 6 月第 1 版
印　　次 / 2022 年 7 月第 4 次印刷
开　　本 / 710×1000　1/16
字　　数 / 160 千字
印　　张 / 14.5

书　　号 / ISBN 978-7-5496-1347-2
定　　价 / 45.00 元

前　言

在如今的时代，每个人都为了生活不停忙碌奔波，都为了成功而拼命奋斗。但何时是终点，奋斗到什么地步才会满意，好像没有人有一个明确的答案。其实，只要懂得适可而止，懂得知足，懂得停下来好好欣赏现在的生活，好好把握身边的每一个人、每一寸时光，会发现，原来，真正的幸福就是适可而止。

很多时候，并不是幸福不眷顾我们，而是我们的心灵之中被太多的物欲占据了，让我们忽略了自己拥有的一切。如果面对生活的安排，我们实在无法选择遭遇，那么就请学会适可而止，学会珍惜眼下的幸福。用心去感受，面对重重考验以及令人窒息的压力，我们不妨收回放在远处的目光，忘记所有的顾虑，将所有的心都放在眼前。眼前的美景才最真实，也是我们最容易碰触到的。

用心付出，用心感悟，我们就会神奇地发现，如果我们索取得少一些、如果我们懂得适可而止，你会发现，生活原来是这般美好，可以体会到没有负担的心灵，没有重压的人生，也可以体会出存在于生命之中的快乐。

在忙碌了一天之后，尝试着学会感知自己的思想和情感，学会用心体验日常生活。无论我们有怎样的精神状态或生活方式，只要用心去生活，那么我们都会以独有的方式享受到生活带给我们的快乐：与亲朋好友的聚会，获得丰收时的喜悦，一人独处时的悠然自在，甚至奔跑在马路上的欢快。体味现在，体味每一刻。

用心去体会那些看似平凡的日常经历吧！在超市排队、机场候机或是在健身房锻炼时……体会如何在这些等待和清闲中培养幸福感，激发创造力和保持心灵的宁静。用美好的心灵享受生活，用良好的心态做任何事情，不求付出、不求回报、不贪婪、不奢望，事事都可以适可而止，我们又怎会有烦恼，生活又怎会不美好。

要想学会一直走下去，就要先学会停下来。在人生当中，不管在做任何事情时，当你欲望强烈地想得到某一样东西时，或想竭尽所能要做成某样事情时，要先学会停下思考，也要懂得适可而止。

适可而止，才有时间思考你的全力以赴是否恰当；适可而止，才能更冷静地看清事物的本质；适可而止，才可以重新审视自己，明确自己的目标和方向的正确性。

不管对待工作还是对待生活，都要懂得适可而止，只有如此，才能坦然面对一切，更怡然自得地生活下去。

生活就是这样，我们一再地折腾，可是再怎么折腾还是会回到原来的样子。你所追求的不正是你眼前的生活吗？为什么要让自己的心灵那么累，为什么要绕那么多的圈子，花费那么多的时间去追求原本就拥有的一切呢？很多时候，我们追求的只不过是更多的压力，不如用心享受生活，让生活轻松简单一点。

本书从工作、爱情、心灵、得失等方面，详细地讲述了在社会、生活、心灵如何做到适可而止、如何在如此匆忙的世界中做到内心的那份安静、如何在世俗的眼光中做到享受自我的幸福。作者运用经典的案例和感悟，深入浅出地描述了适可而止的智慧，相信每一位读者，在品读此书后，都会获得生活中的启迪，心灵上的洗礼。

目 录
Contents

Part 6:
缘分要懂得适可而止：如果不再相爱，就请松开你的双手

Part 7:
脾气要懂得适可而止：不懂忍耐，会让幸福越行越远

Part 8:
跟风要懂得适可而止：认清自我，不要做别人眼中的自己

Part 9:

野心要懂得适可而止：看淡输赢，人生其实没什么大不了

Part 10:

幻想要懂得适可而止：把握当下，学会欣赏今天的美好

Part 1:

交际要懂适可而止：
把握尺寸，真心切不可随便抛

1.表演吧！在纷繁复杂的社会

交际中的关系都是很复杂的，人与人之间的交际有真实，也有虚假。所以，我们在与人交际时，一定要做到适可而止，藏露有度。该隐藏的时候，绝不显露；该显露的时候，也不要隐藏。这样才能做到藏露恰到好处。

为人处世不可气盛，不可志满，不可乐极，否则会走向事物的极端。一个人藏得太深，只能孤芳自赏，顾影自怜。一个人太过显露，只会遭人嫉妒与排斥，从而被孤立。

藏与露，是做人的艺术，但过于藏或过于露，必将适得其反。

我同学张硕是公司某部门的职员。他是研究生毕业，非常有才华，有能力。同时，他也是一个懂得为人处世的高手。他知道该在什么时候显露自己的能力，同样也知道该在什么时候隐藏自己的才学。

张硕所在部门的经理是公司的老资格员工，做人有些迂腐，而且还非常嫉贤妒能。这个经理特别在意谁的能力比他强，谁的学历比他高。张硕是研究生，所以经理经常看他不顺眼。

张硕处处小心，恰到好处地隐藏自己的能力和本事，让经理觉得他很平庸。

张硕为了学历的事，他还特意编了个谎向经理解释说："经理，跟你说实话吧，其实，我的硕士文凭是混下来的，给导师送了些礼，才勉强让我通过了。这件事，你一定要替我保密，千万不要让我父母知道。"

经理听了张硕的解释感到很释怀，更加确定他的能力一般。

在别人手底下干活，受人制约的时候，张硕选择了隐藏自己。而且，还适当地加上了些表演技巧，让自己的锋芒隐藏得恰到好处，这样做的结果是张硕在公司里发展得顺顺当当。

而且，当经理要退下来时，竟然推荐张硕坐了他的位置。

当张硕顺利当上部门的经理后，他就开始逐渐地显露自己的才华和能力。他带领着他们部门的员工成功地完成了很多项目的策划，他做出的成绩得到了董事长的肯定。

后来，张硕凭借自己的实力进入董事会，成为公司的高管。

即便如此，张硕还一直奉行着为人处世的"藏露定律"。也就是在交际中，根据现实情况，该隐藏时，必不显露；该显露时，绝不隐藏。

因为做到藏露有度，张硕无论是在事业上还是在交际中，都平平稳稳、顺顺当当的，成为我非常敬佩的人。

藏与露要恰到好处，要把握好尺度。作为个体，我们应该始终清楚地明白，我们每个人都是处于社会中的，而社会又是人的社会。因此，我们每个人都不可能脱离所处社会群体而孤立存在。

当你才华横溢、光彩照人、众人瞩目时，可能会招来嫉妒的目光。此时若再毫无顾忌地显露下去，可能会遇到意想不到的麻烦或是灾祸。但若低调处事、谦逊待人会赢得更多的支持，竞争对手也能成为合作伙伴。

所以说，藏与露要有度，要藏得恰到好处，要露得恰如其分。

把自己藏得太深，什么事情都谦让给别人，那样你就会失去很多机会，甚至失去了自己的价值和存在的意义。

但如果藏得太深，总会多多少少地压抑你的性情，会使能量不能释放，个性的发展受到阻碍。所以，当你隐藏到一定时机时，该显露时就必须显露。

当你显露自己的程度达到一定限度时，就会招致很严重的后果，也有可能会带来灾祸。所以不要过分地张扬，不要显露到自满、盛气凌人、不可一世的地步，那样只会适得其反。所以，一定要把握好露的度，要适可而止。然后，再做适度的隐藏。

在特定的时候，要做到韬光养晦、收敛锋芒、隐藏才能安全，使对方被假象所迷惑，而使对手不会注意自己的实力，以免遭到陷害。

我侄女曾怡是一个学舞蹈的。大学毕业后分到了我老家的歌舞剧团工作。曾怡进去时，团里就有一个台柱子叫杨媚。

　　我侄女一次手臂受伤，我去探望她时，她告诉我，杨媚盛气凌人，高傲无比。这次受伤，就是在一次练习中，杨媚故意把她推倒的。

　　我侄女愤愤不平，我劝慰她："你刚进入歌舞剧团，万事还是以和为贵，不要逞强。首先要做的是要保护自己，学会隐藏。"

　　我侄女听了我的建议，开始改变自己的为人处世方式，她开始隐藏自己的能力，宁愿做配角，也不跟杨媚抢主角。

　　就这样，她在团里韬光养晦地工作了几年。后来，她辞职开了自己的舞蹈工作室。

　　开舞蹈工作室就等于是为自己工作，我侄女才淋漓尽致地把自己的舞蹈才华显露了出来。她虽然在歌舞剧团工作了几年，但没有强出头，只是在韬光养晦的这几年中，不仅认真学习到别人舞蹈当中的精髓，而且还结下了很好的人缘。

　　因此，她的舞蹈工作室开了没多久，凭借她卓越的才华和良好的人缘，在我们当地舞蹈界的名气就响了，并且还在一年后扩大了场地，学生不断增加。

　　而那个杨媚在一次演出中被竞争者使了绊，造成腿部受伤，从此离开了舞台。

　　隐藏自己的另一种方式，就是学会"淡泊明志，宁静致远"的生活态度。

　　把很多事情都看得很淡，将自己性格中的锋芒渐渐磨平。在为人处世上要做到平和、坦然、理智、清醒。你从容不迫的心态不会给别人带来压力，也不会被踢出局。

隐藏自己的另一种方式，就是适时装傻。

"适时装傻"是迷惑别人最好的方式，也是向别人示弱的一种方式。对一些事情表现出不懂不会的情形，对方就会觉得你能力有限，不会把你当做竞争对手。

做人处事，不可不藏，但也不可藏得太深；不可不露，但也不可太露。

显露自己，不要锋芒全露，不要太张扬，更不要太狂妄。在人生的关键之处，一定要显露自己的才能，这样你的人生才能产生良好的转机。

在欣赏和器重你的人面前显露才华，必定会给你带来机会和好运。在嫉妒者或是卑鄙的小人面前要尽量隐藏自己，或是显露你的愚笨，让他们觉得你不如他们。

如果你隐藏得很深，时间太久，有可能会被人遗忘。这时，你不妨再张弛有度地显露自己，一定会有意想不到的收获。

做人不能只藏不露，也不能只露不藏。适当表演，把握好藏与露的尺度，才是交际的关键。

2. 南风，你比北方的寒风更加凌厉

"忍一时风平浪静，退一步海阔天空"是人人都明白的处事道理。"大丈夫能屈能伸"说的也是君子的气度与明智——这都说明了一个道理：用暂时的忍耐和表面的退让，换来自己所希望的结果，未尝不是一件好事。

这就是以退为进的真谛。

尤其是在有些浮躁的社会环境中，以退为进更是一种有效的方法和手段。

比如，家长们在答应带孩子去游乐园之前，都会要求孩子在这次的期末考试中考到100分的成绩；想要竞选学生会主席的候选人，通常会放弃其他学生会委员的争夺而避免自己树敌太多；商业谈判时，某一方可能采用以退为进的方法，趁对方麻痹大意的时候给予其致命一击……

同样，在心理学的领域，以退为进也是惯用手段之一。

盛大网络董事长兼首席执行官陈天桥就曾在2005年用以退为进的说服手段，成功地说服了新浪董事会的段永基，实现了盛大网络参股新浪的商业目标。

2004年下半年的时候，新浪股价下滑至互联网回暖后的历史最低点，这被陈天桥看做是盛大参股新浪的最佳时机。于是，陈天桥专程从上海飞往北京，与当时新浪的董事会成员之一的段永基谈判。

陈天桥提出以当时股价的120%收购四通控股所持有的全部新浪的股票。可是，段永基却提出120%的股价太低，要求陈天桥以新浪在历史最高点时的股价——每股接近50美元的股价进行收购。

陈天桥认为段永基在敲自己的竹杠，他觉得自己给盛大的120%的价值上浮已经很高了，于是没有应段永基的要求，双方的谈判陷入了僵局。

当时，陈天桥一直在通过二级市场增持新浪的股票——不断从四通控股中购买新浪的股票，到2005年2月已持有19.5%的新浪股票。他再次找到段永基，继续与段永基谈判。

没想到，段永基不但没有降低收购价格，反而将收购价格提高到了50美元每股，为此陈天桥需要多支付约1.2亿美元的收购资金。

陈天桥对段永基说，如果自己继续在二级市场中增持，四通控股的股份将被进一步稀释。同时，如果不是自己在二级市场收购，新浪的股价更不可能在短时间内上升到新浪董事会所希望的价格。

他们洽谈了三天，最终达成了一致，即盛大以每股32美元的价格收购总价约8000万美元的新浪股票。此价格比当时新浪在纳斯达克收盘价上浮仅15%，不仅完全在陈天桥的接受范围，更使陈天桥成功实现了强势参股新浪的目标。

让我们来看看，在与段永基的谈判过程中，陈天桥是怎样以退为进说服对方的：

表面上，陈天桥所支付的每股32美元的价格高于当时新浪的实际股价，看似陈天桥做了一笔"亏本买卖"。但实际上，接受了此价格后，陈天桥不用在二级市场以接近或超过每股50美元的价格收购，32美元与50美元，孰多孰少呢？同时，参股新浪是盛大集团的商业战略目标，实现此目标对盛大的意义非凡。

也就是说，陈天桥以15%的微小代价，换来的是盛大有形和无形的巨大利益，这就是一次通过以退为进的手段成功说服对方的典型案例。

以退为进不仅适用于企业与企业之间，同样也适用于个人与个人之间。

某企业由于规模和档次的提升，计划搬到更好的写字楼办公。

公司行政人员小何负责新办公地点的选址工作，按照要求将把备选区域的所有写字楼调查一遍，将调查的数据汇总列表后发给行政主管进行最终确定。

由于到了年底，小何的日常工作很忙，没有那么多的时间去实地考察备选区域的每一栋写字楼，但小何的工作任务又必须完成，这该怎么办才好呢？

小何冥思苦想了一下午，终于想到了解决办法。

小何主动去找到行政主管，将自己近期的工作安排先向主管大致汇报了一遍，表明自己最近工作安排较多，所以将新办公楼选址的工作做了以下安排：

先根据搜房网站的相关资料，将需要调查楼盘的主要指标查到，筛选掉一部分明显档次及品质不符合公司要求的写字楼，然后集中安排一天的时间去考察那些符合要求的写字楼，并最终将考察结果向上汇报。

虽然实地考察的写字楼数量有所减少，但是由于考察对象更有针对性，相应地便提高了工作效率，节约了时间成本与交通成本。

主管在听了小何的工作安排后，非常满意，立刻同意小何按此安排执行。

表面上看，小何增加了在网上整理资料、筛选写字楼的额外工作。但实际上，通过这个额外工作，小何不仅让主管觉得自己考虑问题周全细致，工作态度积极主动，还让她至少剔除了一半以上原本需要去实地考察的写字楼，这反而大大地减少了她的工作量。

为什么以退为进能在说服中这么管用呢？站在心理学的角

度，我们也不难理解。

在心理学中，有一个效应叫做南风效应。原意是指南风比北风更能带给人温暖舒适的感觉，因而行人在吹温暖的南风的时候，比在吹寒冷的北风时更容易脱掉身上的衣服。

在说服过程中，以退为进就如同温暖的南风，它让你的说服对象感觉到你是顺着他的要求、站在他的角度进行"妥协"，甚至觉得不是你在说服他，而是他在说服你——但其实你们的目标只有一个，就是双方达成一致。

于是，说服工作变成了"一个愿打，一个愿挨"的和谐局面，当然说服就很容易成功了。

需要提醒读者注意的是，在使用以退为进的说服方法时，有以下原则需要注意：

> 全局可控原则

说服者需要保证自己的"退"只是形式上的"退"，这种退是不会影响自己的立场，更不会损害自己的利益。

整个说服过程还必须牢牢地被说服者全盘掌握着，否则，退到自己无法控制的局面，说服的结果便无法保证了。

> 真实坦诚原则

我们都明白，说服者只是在进行所谓的"退"，其实他的目标是不变的，仍然是希望说服对象最终向自己的要求妥协。

因此，说服者必须要以真诚的态度获取对方的信任，让对方放松警惕与防备，这样才有可能成功地说服对方。

3. 你走一步，他人就会走两步

在交际或说服他人的时候，一味地积极进取、不留余地，并不一定会让我们取得胜利，有时只会让我们失去朋友。没有人愿意和喜欢针锋相对、万事一点亏都不吃的人当朋友。

吃亏是福，必要时退一步是最好的选择。

现实中，总有人会为了一点点利益，大动干戈，一点亏都不愿吃，最后往往是两败俱伤，谁也捞不到好处。

如果一方可以主动后退一步，化大事为小事，事情往往就能圆满解决。后退的一方也会得到对方的感激，何乐而不为呢？

我同学田园是个留学生，在国外毕业后就回国找工作，但很多企业看他是"海龟"都不愿意要他，认为自己庙小留不住他。

田园一直找不到合适的工作，心情非常沮丧。后来，我给他出了个主意，那就是"退一步海阔天空"。

我一个朋友在一家小公司做 HR，有一次吃饭正好了解到她公司招人，我就给她推荐了田园。

因为是小公司，这个朋友没有犹豫就答应试用田园一段时间。刚开始，大家都以为田园只是个普通大学生，谁也没太留意。

来到新公司，田园负责后台程序的调试，熟悉之后，干得非常顺手。有一次，程序出了问题，好多老员工都不知道是怎么回事，忙活了一上午也没弄好。

最后，田园看出了问题，把程序错误问题解决了。

组长知道后，对他刮目相看。

后来，很多领导都开始留意田园，他能解决很多非常规问题，能力特别优秀。最后，在解决了某个难题之后，经理终于忍不住夸他："小伙子，你太优秀了，比国内名牌大学的学生还厉害！"

这时，田园才告诉经理，自己是国外留学回来的。

经理诧异不已："现在很少有海归会自贬价值了，你居然愿意放低自己的身段，小伙子，心态不错。"

经理对田园以退为进的做法非常满意，认为他是个踏实能干、心态稳定的年轻人，立刻对他心生好感，很自然地就重用了他。田园的职场生涯也开始越来越精彩。

田园退让了一步，自己放低了身份，用实际行动说服了领导，让领导看出了他的能力，对他火速提拔。所以，有时说服他人无须用嘴。

在交际中，通常越积极越能掌握主动权，越容易取得成功。但是必要的时候，我们还是要后退一步，尤其是在跟他人产生矛盾或有利益冲突时，退让就成为了大气的表现，它能让我们得到更多。

如果不懂得跟他人友好相处，不懂得迁就忍让他人，就算你再有才华和能力，也是独木难支，不会有大作为。自古以来，凡是能干大事的成功者，无一不是借助各种关系来让自己变得强大。

有些人在跟他人交往时，一步都不肯退让，他们认为退让就是吃亏，这种事当然不能干。其实不然，人与人之间的关系很微妙，你走一步，他人会想走两步；你退一步，对方不仅会更加谦让，还会对你心存好感。

聪明的人晓得，以退为进是拉近彼此关系的好办法，也是说服他人最有效的方式。

"忍一时风平浪静，退一步海阔天空。"这是一种必要的交际策略，也是在交际中善于变通的成熟表现。

尤其是当我们处于不利地位的时候，步步进逼只会让对方给予更重的打击，如果能及时后退一步，主动示好，让对方感受到诚意，境况往往就会发生改变。在说服中以退为进，缓缓图之，是一种很保险的自保之术，是拉近彼此关系的有利之举。

总之，在交际时，不要一味相互争斗，互不退让，最好的方式是以退为进，把大事化成小事，让自己处在有利的位置。等到双方关系良好之后，再主动表露，从而达到以退为进的目的。

如此，最终获得收益的还是自己。

还要注意在交际时，不是所有人都能当朋友，在必要的时候，需要运用手段或技巧才能拉近双方关系，达到目的。主动妥协，是明智的选择。

我在一本杂志中看到过一篇文章：某家具公司要上市，很多供应商都看到了这个商机，主动来谈判，希望能做长期的供应者。

家具公司看竞争者非常多，就提出了很苛刻的条件，要求对方必须在两个月内做好回款工作，否则免谈。

这个苛刻的条件，让很多供应商头疼不已。

其中一个供应商非常聪明，他想用妥协战术赢得跟家具公司的合作机会。于是他打电话说："你们要求的回款时间虽然紧，但我们还是想建立合作关系。我们库房有很多设计优良的样品，先发一批给你们看看？不需要填合同，我们相信贵公司的信誉。"

家具公司负责人听了非常感动，他知道对方妥协了，这种退让让人一下子就产生了好感。在看过样品之后，家具公司同意了合作，并把回款时间做了合理调整。

不妥协，不代表你会赢；妥协了，也不一定就会输。

交际也是一种博弈，只懂进，不懂退是不成熟的表现。适当地妥协能扭转困局，赢得对方的好感和信赖。

除了有妥协意识之外，还要善于观察，审时度势，在关键时刻退让，才能避免做无用功，收到良好的效果。

退让也要讲究正确时机。如果他人的需求并没有那么强烈，那你的退让也不会产生太大价值，也许只会拨动对方心弦，而无法产生实际意义。在对方最需要被理解、被忍让的时候，如果你能走好退一步的棋，必然会事半功倍，赢得对方的好感和感激。

在交际时，见好就收，懂得适可而止也是退一步的表现。在交际过程中凡事都要有度。不管你能力如何，好处不能一下占太多，那样很容易让他人心理不平衡，甚至引起他人的妒忌。

有好处时，不妨主动退一步，分一杯羹给他人，不仅能体现自己的大度，还能得到大家的感激，这是最有效的感情投资方式之一。

在交际时，一定要端正自己的态度，不要太过强势、咄咄逼人，很多时候退一步看起来是暂时吃亏了，但吃亏是福，之后通常都会有意外的收获。不懂妥协忍让的人，是无法跟他人建立长久的良好关系，没有好关系，最终也很难有所收获。

所以，在必要的时候，要坦然主动地选择退一步。人情是最好的投资，一些额外的付出，能让人对你心存感激。获得别人的好感，才能得到他人的帮助，才能在交际中立于不败之地。

4. 友情就是一盏灯，照亮了我的灵魂

友谊可以算得上是这个世界上最宝贵的东西。

古往今来，很多文人墨客都曾书写过对友谊表达敬意的诗章。孔子曰："有朋自远方来，不亦乐乎！"唐代诗人王勃写下了"海内存知己，天涯若比邻"的诗句；李白形容友谊比金重比渊深："人生贵相知，何必金与钱。""桃花潭水深千尺，不及汪伦送我情。"大作家巴金先生写道："友情在我过去的生活里就像一盏明灯，照亮了我的灵魂。"

这些文人墨客告诉我们，人生在世最不可或缺的就是友情。有了友情，人生才可称得上是幸福，所以，友谊是最宝贵的。

那么，我们应该怎样去珍惜友情呢？

"化妆品女皇"玫琳凯年轻时曾经有过这样的经历：用真诚和赞美，为一位想轻生的女孩子带来了光明。

她曾经在海边看到了一位脸上充满忧郁的女孩子。玫琳凯当时微笑着问她："您好，我是玫琳凯，我可以和你谈谈吗？"

女孩子一声不吭，依然寂寞地坐在那里，似乎没有理玫琳凯的意思。温柔的玫琳凯继续说道："虽然你此刻看上去很忧郁，但是你依然很美。你要是有什么难过的事情，可以和我说说，我愿意做你的情感垃圾桶！"

女孩子思索了一阵，就和玫琳凯诉说了起来。玫琳凯在倾听的过程中一直投以真诚的眼神，并在适当的时候点点头。聚精会

神的玫琳凯，让女孩子觉得自己得到了理解和关注。

最后，女孩子还告诉玫琳凯，自己今天来海边的目的其实是自杀，因为自己所爱的那个人在事业有成后就抛弃了她。

听过女孩的倾诉后，玫琳凯不但为她感到愤怒，还大骂那个男人是个浑蛋。最后，玫琳凯真诚地鼓励女孩："世界上这么多好男人，你一定会找到一位真心爱你、对你负责任的男士。你这么漂亮，连女人见了都会喜欢你，更别说是男人了。因此，你一定要打起精神来啊！"

最后，女孩开心地对玫琳凯说："我从未和别人分享过这些，通过你对我说的话，我才算是真正认识了自己。现在我相信，明天会更美好的。"

真诚关怀、理解和尊重是每个人都渴望获得的。大多数时候，一句真诚的赞美，可能只需说者一分钟时间，但对于听者，可能会影响一天、一年甚至一生。

俗话说，"人心换人心"，想要赢得别人的尊重，首先自己要对别人付出一份真心，这也是获得朋友的秘籍。所以，想要得到朋友的关心和体谅，对待朋友就必须付出一颗真诚的心。

也许你觉得对朋友好就是请他们吃喝玩乐，但是，这些并不能让朋友对你树立起太大的好感，反而会加重朋友在应酬方面的负担。

一个善于交朋友，关心、体贴别人的人，一定是个能为对方着想、欣赏对方、处处满足朋友需要、解决他们的困难，而又避免去麻烦对方的人。所以，想要受人尊重，"锦上添花"是不够的，"雪中送炭""人心换人心"才是最重要的交际艺术。

如果说，你能将关心、体贴的心意建立在这种风度上，你对别人的关心和体贴才是真心诚意的，别人也才会以真心来回报你。

古人说过"路遥知马力，日久见人心"，只有真心付出才能让友谊地久天长。如果你对朋友始终是以诚相待，还怕得不到别人的尊重吗？

5. 吃些亏有何妨，眼前的盈亏不算什么

吃亏是一种比较高妙和有远谋的处事方式。

主动吃些小亏，可以帮你交到好朋友，帮你得到更大的利益。想请朋友帮你办事，自己首先要吃点儿亏，这样朋友会觉得欠你一个人情，才会尽心尽力地为你办事。

吃亏是福。主动吃亏不仅是福，还是一种态度、一种品行、一种风范，更是一种淡然、一种乐观、一种超凡。而被动吃亏是一种被迫接受的后果，一种不得已而为之。

同样是吃亏，却有着很大的区别。

我父亲有一个朋友叫李渊，这个人很仗义，他资助了一个比他小十几岁的学生张博的故事，在我们当地算是很有名，经常被人津津乐道地谈起。

李渊初中没上完就辍学开始做生意，开了一家粮油店。他虽然没有多少文化，但善于经营，也很会做人，通晓人情世故，懂得"惠出实及"，常会施一些小恩惠给身边的人。

那一年，张博的父母相继去世了。他想通过自己的努力考上重点大学，然后再考公务员，希望能在仕途上有所发展。但他身

边没有什么亲戚朋友，虽然最终考上了大学，却没有学费。这时，李渊无意中知道了这件事，一向乐善好施的他向张博伸出了援手。

后来，李渊宁愿自己受点累，吃点亏，也要用自己辛苦赚来的钱供张博上大学。

张博大学四年的学费、生活费都是李渊资助的。勤奋的张博没有令李渊失望，毕业后通过自己的努力考上了公务员，而李渊仍然做着他的生意。

虽然李渊经常受到别人的嘲笑，但他并没有放在心上。

几年后，张博被调到家乡的县城当上了县长。张博拜访李渊，问李渊有何要求，李渊却委婉地拒绝了。

张博是个知恩图报的人，在条件允许下，他让政府食堂和学校食堂的采购与李渊的粮油店签订采购协议。

张博相信李渊的人品，也相信采购粮油的质量。李渊在张博的帮助下，生意越来越好、越做越大，他俩的关系也更加亲近了。

在你主动吃亏时，你就成了施与者，而对方就成了得到你恩惠的接受者。表面上来看，是你吃了亏，对方得了利益。然而，对方却欠了你一个人情，情感的天平已经向你倾斜，你与对方就有了更深的情意。

当然，"亏"也不能乱吃，要讲究方式方法。有的人为了相安无事去吃亏，吃暗亏，最后会给自己带来很严重的后果。

这个亏，我们要吃在明处，要让对方清楚地看到，自己为他而付出的努力。只有这样，对方才能铭记你对他的好。

只要留心观察我们的生活，就会发现"主动吃亏"是一个非常有哲学的处世原则。现实中，经常会有那些好贪小便宜的人，最后往往会在大事上吃亏。

主动吃亏可以为你赢得一份深厚的友谊，可以为你寻得一个重要的商机。主动吃亏虽然会失去一些眼前微不足道的东西，却会得到对方的尊重，也会赢得好的声誉和长远的利益。

能够主动"吃亏"的人最终并不会吃亏，而不愿意"主动吃亏"的人结果却会吃大亏。在人际交往中，多一点"主动吃亏"，你才能赢得对方的信任和情意，对方就会接纳你、支持你。

很多时候，"主动吃亏"是一种大智慧。你主动吃了亏，身边的人接受了你的"礼让"，他不仅会与你保持良好的人际关系，还会因此对你感激，寻找机会回报你。

在北京工作时，认识了一个朋友叫宋瑞。有一次一起吃饭时，他和我说起了几年前他在公司里的事。

那时候，宋瑞还只是个公司采购部的职员，当时，他所在部门的经理被提升到总公司任职。但因为走得比较仓促，有几笔账目还没有处理清楚，新来的经理把责任推到宋瑞那里，非常严厉地批评了他，并决定扣除宋瑞全年的奖金。

其实，事情的责任并不在宋瑞身上，是公司的副总委托原来的部门经理办的，当时宋瑞并不知情。

宋瑞觉得老经理对自己不错，为他承担点事情也是应该的，所以他没有为自己辩解和争论，很平和地接受了新经理的批评和惩罚。

后来，新经理知道了事情的原委，才知道错怪了宋瑞。他一方面觉得对不住宋瑞，另一方面又对他非常赞赏。

新经理认为宋瑞是一个豁达而有忍耐力的人，只要稍加培养，将来定会有成就。新经理于是向总公司推荐宋瑞，最终宋瑞成了部门的副经理。

在工作中，当遇到事情时，你主动承担责任，主动吃些小亏。这样一来，你向领导还有同事都展现了你的豁达、你的忍耐，从而会赢得好的声誉，可能还会因此而受到领导的赏识和器重，在你的晋升道路上会成为你的推力。

当你在与对方进行合作时，你总会主动吃一点亏，自己少得一点，多让一些利给对方，那么对方就愿意与你保持长期合作的关系。到了最后，你不仅没有吃亏，还会因为你的主动吃亏而得到更大的利益。

当你的生意做得不好时，还主动地让对方多得，自己少得，这就更显示出你的一种气度、一种度量。

正是你的这种"主动吃亏"行为，会让对方对你有好感，并愿意与你继续合作，这样你的生意就会越做越大。

在对方有难的时候，用物质帮助对方，再用真心实意去安慰对方。当时你可能是吃了一些亏，但是，日后对方一旦发达了，必然会加倍地回报你。这都是因你主动吃亏而得来的。

在与人交往时，无论遇到什么事情都主动地吃一些小亏，是很有必要的。比如，在一起吃饭时，主动为对方付钱；在办公室工作时，有什么大家不愿意做的事情，你主动请缨；在大家不愿意加班的时候，你主动替对方加班。

主动吃些小亏，看似是不起眼的小事情，久而久之你就会收获大的回报。因为你的那些小小的付出，别人是看得到的。

6.给你足够的空间，让答案有模糊的余地

在交际中懂得如何聊天是一种了不起的能力，但只是如此还远远不够。机智成熟地回答别人的问题，不落入对方的语言陷阱，同样是交际中的必修课。

很多时候，面对别人的发问，我们感觉很为难，怎么回答都不合适。最好的方式就是适可而止地点到为止，将问题模糊化，既能让对方满意，也不失自己的立场。

我有一个朋友，她叫张云，大学毕业后没有找到合适的工作。但还好，她长得漂亮，身材也好，家里经济条件也不错，她妈妈就找人给她拿了一个艺术学校考试的报名单。

"妈妈，我也觉得学艺术才适合我，要是我能被录取，说不定我就成为明星了。"张云沾沾自喜，沉浸在幻想中。

张云的各科成绩考得还算勉强，等到面试那天，她拉着我陪她一起去。她还把自己好好打扮了一番，整个人感觉很清新。

轮到张云面试了，她从容地走进去，礼貌地跟各个面试官问好。

"你先做下自我介绍吧。"

张云口齿伶俐，说得非常好，面试官都很满意。张云察觉后，越发自信。

这时，其中一个面试官忽然发问："如果有客人来我们学校，需要你来陪他吃饭、跳舞，你会同意吗？"

听到这个问题，张云当场就不高兴了，她认为面试官是在侮

辱她的人格。

"你们把我当什么了？我是来学习的，又不是来陪舞的，这是什么破学校，我不来了！"张云一冲动，就放弃了面试机会。

走出房门，我看出了张云脸上的气愤，询问后，觉得她太冲动了。但她质问我："不这样那又如何回答？难道让我答应他们的无理要求吗？"

这时，我看到另一个面试完的女孩走了过来，我立刻询问她是否也遇到了面试官的"刁难"。

女孩笑着点了点头，我问她是怎么回答的。

女孩说："我告诉他们，我的主要任务是学习，如果这是无理的要求我是不愿意做的。但如果跟表演有关，又是合理的要求，我会尽量做的。"

听了女孩的回答，我竖起了大拇指。女孩没有给出明确的答案，只是给了模棱两可的说法，面试官应该很满意。

张云听到这种方法后，于是懊恼不已。

事实上，这不是刁难，而是一种常见的面试考察。在社交中，类似的情况不会少，如果不能机智应对，必然会碰钉子。

有些人不懂交际，捧着自己的一颗真心到处碰壁，也许他们说的是实话，但他人却觉得难以接受。

在面对难题时，我们要学会隐藏"锋芒"，不要单刀直入，要用迂回的方式回答，让对方感觉似是而非又不明确就对了。

在社交场合，说话做事要万分谨慎小心，你的一言一行都能影响你给他人留下的印象。如果面对问题，直接肯定或否定都不能让别人满意，这时候就不能直言，要采取迂回方式，将问题绕过去，模糊回答。

并不是所有问题都要说得明明白白，在两难问题中模糊回答才能达到效果。

　　当然，把两难的问题模糊化不是一件简单的事，要沉着应对。如果对方抛出的问题只是对事不对人，我们没必要生气，笑呵呵地一带而过就好了。如果分明是语言陷阱，我们就需要万分谨慎，不要冒失回答，尽量委婉，让对方找不出破绽。

　　为什么我们明知对方在故意刁难，还要委婉回答？因为交际不是为了攻击别人，也不是为了争出胜负，而是为了广结善缘，拓展自己的人脉资源，达到自己的社交目的。

　　模糊化的回答可以巧妙避开锋芒，同时展现我们的交际才华，展示人格魅力，所以要重视。

　　在交际时，不要以为自己很聪明，就开始得意忘形而忽略了语言陷阱。能提出两难问题的人，通常都是社交高手，如果回答不合时宜，对方就容易看出你的弱点。

　　实际上，模糊回答问题不仅是为了避开对方的锋芒，同时也是保护自己的方法。

　　真正的智者，是那些面对任何问题都能回答得滴水不漏又云淡风轻之人，再尖锐难选择的问题都能被他们磨掉"棱角"，变得"圆滑"，其中的谈资艺术是非常值得我们学习的。

　　首先，在面对两难的问题时不要急着回答，不要急不可待地表达自己的内心，应先从态度上肯定对方的问题，然后再采取迂回方式，结合当时的情况，推辞、转换对象，不要给出明确回答。只需表明心迹，让对方感觉似是而非。

　　有一次我陪同父亲去参加他同学孩子的结婚宴，坐一桌的都是我爸的老同学。当时，看到一个穿着夸张，一看就很有钱的人成为了众星捧月的"明星"。

很多人都不停地敬他酒，并"勇哥"前"勇哥"后地吹捧着他。

"勇哥，以后你要多多关照我们，大家可全依仗你了！"

"是啊，你是我们当中最有出息的，来，我敬你一杯酒！"

"勇哥，谢谢你之前给我办的事，真是感谢你了！"一个男子给勇哥斟了一杯酒。

"都是应该的，谁让咱们是好哥们呢。"这位勇哥很兴奋，他拍着这个斟酒人的肩膀说，"我女儿大学毕业一直没对象，跟你儿子差不多大，我做主，让他俩结婚吧。"

我看到这个斟酒男子的脸色，就猜到这个勇哥的女儿肯定长得不怎么样。这个斟酒男子想了想说："这个提议自然好，但是我们家一向很民主，我得回去问问儿子，要是他没意见，我立刻安排他们相亲，你看如何？"

这个男子说得情真意切，滴水不漏，勇哥笑呵呵地答应了。

实际上，这个男子的回答相当模糊，完全没有要答应的意思。但这么说，也绝对不会得罪人。

其次，在面对难回答的问题时，千万不要把话说得太细、太具体。说具体了就容易说砸，要保持中立，两者都不偏颇，这也是模糊回答问题的一种有效方法。

"你最喜欢跟什么样的人聚会？"在一个社交晚会上，我被人问了这样一个问题。

我想，自己要是回答说喜欢跟现在的人交往，对方一定感觉自己假；如果说其他的，对方肯定会不高兴。

于是，我没有给出具体回答，而是保持了中立态度："我喜欢跟能谈得来的人一起聚会。"我感觉自己的态度非常友好，对方很自然就能感觉出来，自己也是能跟我谈得来的人。

在交际中遇到有挑战性的问题时，要保持心情平静，组织好语言，沉着应对，不要因为一时不冷静而使自己陷入僵局。把问题回答的模糊化，给足对方想象的空间，既不让彼此陷入尴尬，也避免让自己陷入语言陷阱。

7. 聪敏者，懂得隐于山水之间

在交际中，如果要想比别人聪明，那么最好告诉别人他比你聪明。真正聪明的人，从来都是不显山不露水的，他们总是低调内敛，不恃才傲物，不高傲自大。

就算你真的有才华，交际中也不要显露出你比别人聪明，否则不仅会使你失去更多的交际机会，还会因此招来灾祸。

要让对方觉得比你聪明，他就会有一种优越感；反之，若是你比对方聪明，他就会产生自卑感，并对你产生敌对情绪。

如果你真的聪明，就不要总是在别人面前随意卖弄。

我的一个朋友周畅，现在是我们当地某上市公司的部门经理。很多朋友都很羡慕他，就询问他是如何在短短几年间爬到这个位置上的。一次喝酒，周畅向我们讲起他高升的秘诀。

几年前，他们公司的总经理王明安要去省里参加一个科技方面的会议，要找懂这方面的技术人员一同前往，而周畅当时正好是。

开会期间，宴席上，周畅代他喝酒；会议中的科技名词，周畅帮他解释；他看文件时，周畅会递上一杯温茶。

周畅留给王明安的印象很好，不久，他被提升为总经理助理。

周畅当了助理之后，发现王明安喜欢打桌球，而且喜爱到了痴迷的状态。周畅同样喜欢打桌球，并且得过市里业余桌球比赛的冠军，所以王明安经常找他切磋球技。

周畅心里非常清楚王明安的脾气，既不能胜他，也不能轻易地输，不能让他看出明显礼让的痕迹。就这样一来二往，王明安和周畅打球已经成了一种乐趣。

王明安经常夸周畅是一个谦虚、不骄傲自满、稳重的好青年。

一年后的春天，周畅和王明安一块儿报名参加了市里的业余桌球比赛。在比赛中，他故意输给了王明安。

王明安虽知道是周畅让着他，也不禁露出了喜悦的神情。

王明安卸任之前，又一次提拔了周畅。他在给上级的报告中强调，周畅不仅符合提拔干部的标准，而且具有谦虚、谨慎、创新、好学的品质。

"不要让人觉得你比他聪明"是一种"守拙"的行为和策略。说简单点，就是在别人面前把自己的才学隐藏起来，让对方觉得他比你要聪明。

这是一种掩饰自己、保护自己、积蓄力量、等待时机的人生韬略，更是一种处世的大智慧。

面对比你有权势的人时，即便你比他有能力也不要显露出来，要让他赢你输，让对方以为他的能力在你之上。

如果你表现得比他聪明，那么他的能力和智商就被你否定了，他的自尊就会受到挫败，没准在以后的工作中还会故意刁难你。

有智慧、有才华、有能力是一件值得称赞的事情，这是你将来取得成功的依据。

你若把优秀的一面故意在别人面前显摆、炫耀，过分外露自己的聪明才智，那么最终会因小失大，甚至会给自己带来伤害和阻碍。

在交际中，不要让别人知道你比他聪明，这种隐藏自己的方式可以维护你与他人的良好关系。不要当面指出别人的错误，那样只会让他觉得你比他聪明。

所以我们要使用遮掩的方式把自己的聪明隐藏起来，这种谋略在交际中很重要。

在与人交往中，你一句轻视的话语、一个不屑的眼神、一个不满的动作等，都相当于直接地告诉对方："我比你更聪明。"交际的目的是建立人际关系，而不是树立敌人。不要过分炫耀自己的聪明，这会让别人以你为攻击对象。

如果在人际交往中遇到了嫉妒心很强的人，又因为某种特殊的原因不得不与他交际的时候，那么你一定要做出实际的事情，来让他觉得他比你聪明，这样你才能保护自己不被他的偏激行为所伤害。

在一本杂志上看到过这么一篇文章，虽然不知道故事的真假，但值得在这里借鉴一下：

蒋欣和王怡同时考入了某大学文学系的研究生班，而且还是同一个导师。蒋欣是一个很有才华的人，为人也很单纯。王怡虽然也聪明，却有超强的嫉妒心。

上课时，蒋欣抢着对导师提出的问题回答，而且思维独特、思想新颖，也有非常值得称赞的文笔。蒋欣凭借自己的实力，得到了导师的赏识。

后来在一次聚会上，蒋欣接触到王怡的大学同学张某，从她口中得知王怡是一个嫉妒心很强的人，如果谁让她不痛快，她就会让那个人好看。

这个情况引起了蒋欣对王怡的警觉。

于是，蒋欣调整了自己的处世策略。她在课堂上开始变得沉默，把显示才华与能力的机会都让给了王怡。蒋欣刻意掩藏自己的聪明，并让王怡觉得自己更优秀，更有才华。

蒋欣心里非常明白，保护自己免于伤害比施展才华得到赏识更重要。带着这个意识，她平顺地度过了研究生的生活。

蒋欣采用的"守拙"方法，保护了自己，还做到了以和为贵。蒋欣在做事情的时候该收敛时收敛，该隐忍时隐忍，这样不仅显出了她的气度，也保护了自己的安全。

生活是不会亏待有雅量的人，成全他人，就是成全自己。

让人觉得他比你聪明的方法有很多。你可以选择直接赞美他，并向他表明自己哪些地方不如他。也可以在对方不在场的情况下，向第三者赞美他。当对方经由第三者间接听到你的赞美时，比你直接告诉对方更多一份惊喜。

你可以故意拖延做完一些事情，然后再请求对方帮你解决，给他展示能力的机会。当遇到你能解决的问题时，也要装作自己不行，让给对方来解决，让对方的自信得到极大的满足。

遇到事情时，不要强出头，把机会让给对方。

对方完成了事情之后，无论对方做得好或者不好，你都要毫不吝啬地夸对方。并向他表明，如果是你自己做这件事情，绝对达不到对方这样的效果。

你让对方觉得他比你聪明，你才是真聪明。当你懂得装傻，懂得照顾别人的感受时，你在交际中就会更加得心应手。

Part 2：

说话要懂得适可而止：
点到为止，逞口舌之快只会伤人害己

1. 为自己留一扇照进月光的窗

　　人生不会永远一帆风顺，谁都有时运不济的时候，不论何时都要给自己留一条后路，凡事都要适可而止，绝对不能做绝。

　　得意时，不要把别人逼进死角，要给对方台阶下。这不仅是给对方机会，也等于是为自己留了扇窗户。

　　"三十年河东，三十年河西"，如果当初给他人留了后路，落魄时对方也会对你伸出援手。如果之前不懂适可而止，太过盛气凌人，别人只会给你一脚，落井下石。

那年我的妹妹刘静大学毕业，和同学王艳进了一家服装公司。因为是好友，所以两人经常一起出出入入的。

但后来，妹妹就和我开始发牢骚，牢骚的主要原因是两个人开始暗地里较劲，都想早日评为优秀员工，好升职加薪。

有一次，刘静整理的数据出了问题，领导在办公室里狠狠批评了她："你来公司这么久了，怎么都不长心啊？这么简单的事你也出错，真是让我太失望了。"

这时候，王艳正好也来交材料，看到这一幕不但不给刘静台阶下，还趁机添油加醋地讽刺："我们是同一天来公司的，算算日子也不短了。"王艳的讽刺之意非常明显，刘静心里很生气。

领导又批评了刘静几句，才让她出去重做。

"刚才在办公室里，你为什么添油加醋地让我难堪？再怎么说我们也是校友啊！"刘静拦住王艳质问她。

"我哪有啊？"王艳还不承认。

"你不承认？以后你别有事求到我！"刘静一时生气，开始发火。

"求你？哼，我才不会，咱们今天就一刀两断，以后走着瞧。"王艳把事做绝了，没有考虑这样说话的后果。

三个月后，刘静被评为优秀员工，当了组长，成为王艳的上级。当时，我告诉妹妹，虽然成了组长，但也不要对王艳有什么报复，毕竟两人是同学，千万别因为工作上的事失去了一个朋友。

刘静明白我说的话，没有对王艳有什么刁难，只是后来告诉我，她和王艳再见面时，还是会尴尬。王艳因为当时说话带刺，让她再面对刘静时老是不自在，最后没办法，还是辞职重新找工作了。

俗话说："饭可以多吃，话不可以多说，事不可以做绝。"这是为人处世的重要原则，也是中庸之道的重要体现。不给别人带来压力，同时给自己留一条后路，何乐而不为呢？

王艳最后只能辞职走人，就是因为当初说话太过，不懂得适可而止，丝毫不给自己和别人留余地，最后只能自食苦果了。

每个人的生活都会有起伏，甚至会是一种轮回，一时得意，也总会有失意来临；一时猖狂，也会有落魄来品尝。如果不懂得给别人留余地，不懂得适可而止，甚至借机落井下石，之后必然会受到打击。说话做事到适可而止，才是保护自己的最好方法。

我们周围总有这样的人，年轻气盛，做事冲动，凭借一时之气总喜欢把话说绝，把事做绝，最终把自己逼入窘境。把事做得太绝，就好比杯子里装满了水，继续加水之后只会溢出。

说话做事是需要智慧和胸怀的，有些事你再有把握，也不能万分肯定，更不能把话说绝，丝毫不给人留质疑的余地。这么做不但会引起他人的反感，还可能给自己带来后患。

要懂得给自己留条后路，你的世界才会变得更平稳、更宽广。这就好比是在打仗的时候，给自己选择了最有利的地理位置，可退可守，这样我们就会立于不败之地。

相反，不懂适可而止就等于把自己逼进了死角。没有危险还好，一旦发生意外，必然会退无可退，只能受伤。

所以，聪明的人不管在什么时候，都会给自己、给别人留余地，既给了别人面子，又给自己留了后路，何乐而不为呢？

生活中说大话的人很常见，做事很绝的人也很多，这些人通常都不受人喜欢。如果你仔细观察，就会发现那些聪明人常常会为自己留余地。

要想给自己留后路，就必须从各方面严格要求自己。首先，要学会说话，话不说绝、适可而止。

没能力做好的事，不要随口应承；有把握做好的，也要含蓄地说，留下空间。如果别人遭遇尴尬，或一时失意，我们不要嘲笑，拿出自己的宽容大度，为他人开一扇门，对方必将无比感激。

我有一个朋友叫王琳，大学毕业后找了份很不错的工作，待遇丰厚。只是她有些小虚荣，特别喜欢在别人面前显摆自己，炫耀自己有钱，彰显自己有追求、有品位。

每次见到朋友，她都会说："我的梦想就是环游世界，见识形形色色的人和事，那时，我就再也不是平庸的井底之蛙了。"

起初，大家都以为她说的是真的，都称赞她是浪漫主义者。但是很久之后，她还是逢人就说自己要环游世界的梦想。

渐渐地，大家都开始反感。

有一次聚会，一个朋友忍不住嘲讽她："你不是说要去环游世界吗？那你去过多少国内的旅游景点呢？"

王琳尴尬地说："没去过几个。"大家忍不住都嘲笑她。

我当时赶紧出来打圆场说："计划往往赶不上变化，王琳的计划肯定会慢慢实现的。"

我的及时救场，让王琳感激不已。从那之后，王琳时不时送些小礼物给我，在我需要帮助的时候，她总是伸出援手。

每个人都有陷入尴尬、遇到困难需要及时救场的时候，这时如果我们能为他人铺就一条出路，就等于给自己留个后路，以后也好办事。

在跟他人交往时，要懂得为别人考虑，得饶人处且饶人，不要把对方逼迫到无路可走。对他人仁慈一些，就是给自己留个机会。

还有，我们要端正自己的态度，不要拜高踩低，不要戴着有色眼镜看人。有些人比较势利，看着他人落魄就冷眼相待，甚至认为对落难者的投资是无用的。因此，面对请求能躲就躲，不愿意伸出援手。

这么做是不对的，在关键时刻要帮助他人，谁都有机遇不好的时候，现在落魄不等于永远不济，之后说不定还大有作为。

再者，我们还要有多在冷庙烧香的见识。

平时有意识地多帮助时运不济的人，等他们有朝一日飞黄腾达之后，通常都会涌泉相报。这么做，也等于为自己留了后路。

做事适可而止、留有余地是一种豁达睿智，是宰相肚里能撑船的表现。要想在交际道路上走得更远，给自己留条后路是最好的方式，一旦发生不利的事，还会有回旋的余地，不致太孤立无援。

2. 上帝给了你两只耳朵一张嘴

人有一张嘴和两只耳朵，意思就是说要多听少说。生活中，善于倾听的人才算是有魅力的人。尊重别人和赞美的方式之一就包括倾听。

大家都知道，在人际交往中，那些能说会道的人不是最善于与人沟通的高手，真正的高手是那些懂得倾听、善于倾听的人。

也许你会认为，在人际交往中我们都没和对方说几句话，何谈给对方留下深刻的印象呢？可能大家忽略了一点，正是因为倾听，让我们给对方留下了良好的印象。

乔·吉拉德花了近一小时的时间，好不容易让他的顾客下定决心买车，接下来的步骤很简单：仅仅是把顾客带到办公室，签好合约。

就在他们走向办公室的时候，那位顾客突然说起了关于他儿子的事情。

顾客十分自豪地说："乔，想必你一定知道普林斯顿大学吧？我的儿子被那所大学录取了，他将来要涉足医学这个行业了。"

乔·吉拉德回答："真是太了不起了。"

当两个人继续向前走的时候，乔·吉拉德并没有看向自己的那位顾客，而是四顾地看向其他顾客。

"乔，我儿子很聪明吧？当他还是婴儿的时候，我就发现他非常聪明了。"

"哦，那还真是有才华啊，成绩相当不错吧？"乔·吉拉德嘴里应付着，眼睛却像雷达一样在四处看。

"当然了，他是班里最棒的一个。"

"这么厉害？想必有一个很不错的专业，他将来要做什么？"乔·吉拉德心不在焉地问。

"乔，我刚才已经说过了，我认为你并没有认真听我说，我儿子考上了普林斯顿大学，以后要当医生。"

"哦，那太好了。"乔·吉拉德说。

那位顾客觉得乔·吉拉德不是很尊重自己，于是，他打了一声招呼便走出了车行。乔·吉拉德木讷地站在原地，他还没有意识到自己究竟哪里做错了。

次日上午，乔·吉拉德一上班就给昨天那位顾客打电话，诚恳地致歉道："我是乔·吉拉德，昨天是我照顾不周，希望您能原谅。现在我们这里有一款新车，您能来一趟车行吗？"

电话那端，顾客不耐烦地说道："哦，抱歉地说一句，我已经买到了新车，而且是一辆很棒的车子。"

"是吗？"

"没错！我是从一个懂得倾听的推销员那里买到的。乔，要知道，当我对他提到我儿子让我多么骄傲的时候，他是多么认真地听，而不是东张西望。"顾客接着说道，"你知道吗，乔，倾听对一个人来说就是尊重。我儿子当不当医生对你来说并不重要，谁签不签合同才最重要！顾客的喜恶你完全不在意，也不懂得如何去认真聆听，真是个笨蛋！"

在那一瞬间，乔·吉拉德才恍然大悟：原来自己犯了个如此巨大的错误——没有人会喜欢一个不听自己话的人。

我们在日常交流中，多听听他人的诉说，满足他人倾诉的愿望。人都是这样，只有感到别人认真听自己的倾诉后，才会有一种被尊重感，继而有了更深入的谈话。

美国著名谈话节目主持人奥普拉是鲁豫的偶像。鲁豫和奥普拉相似之处，都是以亲切知性的邻家女孩形象出现在电视荧幕上，很多人都是因为她们那种轻松随意的谈话方式被征服，尤其是那种"倾听式"的主持风格让人印象深刻。

在《疯狂教授易中天》一期节目里，鲁豫的主持风格一如既往，使节目收到了良好的效果。例如，鲁豫想了解学校授课以及电视讲座之间的区别时，就向易中天提了一个问题："您有这么多年的讲课经验，积累了这么多年，所以在《百家讲坛》讲课也并非一件太难的事吧？"

这个问题就刚好问到了易中天作为一个教授对授课方式的理解，因此必然能激发他的诉说欲望，而且提问方式并不直白，从而灵巧高明地激发了易中天的"诉苦"欲。

于是，易中天在接下来用一句"难啊"作为开头，开始用大段的陈述来讲明自己对两种讲课方式的体验，从"以前有很多学者在《百家讲坛》失败的经历"说到"电视观众和学生的不同反应情况"，从"电视剧与话剧的区别"说到"电视讲座所要借鉴的戏剧要素"，像打开的水龙头一样。

在易中天的讲述过程中，除了一些必要提问外，鲁豫和其他观众一样都是在扮演着倾听者的角色。正是这种倾听的氛围，反而使易中天情不自禁地展开了更宽广的话题，也使观众们更深入地了解了易中天，当时的节目现场是掌声不断。

倾听就是对别人的尊重。专心地听别人讲话，胜过你给别人很多的赞美。不管说话者是什么人，倾听能达到的功效都是一样的。人们的共性就是把关注度放在自己的兴趣和喜好上，同样，当你在谈论自己的时候，对方在全神贯注地听你讲，你心中自然而然产生一种被重视的感觉。

3. 沉默要比滔滔不绝更能说服人

在双方交谈，谁都想说服对方的时候，难免会遇到一些要争输赢的事情。如果认个输并不会触及你的原则和底线，那么你不妨保持沉默，把这无所谓的胜利让给对方。你以沉默的方式认输会显得你的度量大，对方反而会很乐意跟你进一步合作。

在都想说服对方的时候，那些不服输的品性是值得称赞的，但是你也一定要明白认输的重要性。

因为懂得认输，放弃无谓的竞争，将使我们避开针锋相对，避开别人对你的伤害，从而以守为攻，最终获得主动权。

懂得认输，把无谓的胜利让给对方，是一种理智的选择，更是交际中不被踢出局的重要策略。

我朋友的一个弟弟是一所名牌大学毕业的研究生，他具有超强的语言组织能力，能言巧辩、思维清晰、条理清楚。每次公司开会，如果领导问到他的意见，他都能侃侃而谈，很有想法。

可是，公司里的大多数人都很讨厌他。他平时就喜欢与人争论，在与别人意见不一致的时候，老是用他那巧舌如簧的辩才把对方说到理屈词穷。

与他辩论永远是对方输。曾经败给他的人，心里都希望有一天他也会栽在别人手里。就因为他的争强好胜，失去了好多人缘，也失去了很多晋升的机会。

他经常给他哥哥和我唠叨这些事，而且总是想不明白他为什么在公司会是这样的人缘。

我和他哥哥给他分析这个问题，告诉他人缘差的原因："你树敌太多，因为你不懂得在无谓的小事情上退让，不懂得认输。说话做事，你要懂得适可而止，否则在事业上你就显得很失败。"

经过我和他哥哥的多次点拨，他开始反省自己在人际交往上的失败。他试着慢慢地改变自己，后来，他真的变得不再与人争论了。

在一些意见相左的情况下，他开始懂得适可而止、谦让对方，让对方永远赢在无谓的胜利上。逐渐地，他赢得了人心，并迎来了事业上的高峰。

朋友的这个弟弟在人际交往中，从一开始的一枝独秀，慢慢成为一个懂得适可而止的人，把无谓的胜利让给对方。

曾经的教训不仅让他懂得了人性，还让他学会了如何把握人性，从而改变了人生。

在都想说服对方之时，在言语上，在行动上，在无谓的争论上，用沉默或其他的方式做出适度的认输，适度的退让，制造出对方的胜利。

把无谓的胜利让给对方，不动声色地迎合对方的需要，既以对方的利益为重，又为自己的利益开道。

在说服对方时，要懂得赢也要懂得输，要懂得进也要懂得退。同样，要懂得竞争也要懂得包容。因为我们不能一直只赢不输，我们必须懂得适时地包容、退让与感谢。

你懂得把无谓的胜利让给对方，并不是因为你不如他，而是因为你更懂得人性。当你把胜利让给对方时，看上去是你输了，实则上却是你赢在他处。

你把无谓的胜利让给别人的行为，实则是把你和对方的关系推进了一步。与那个胜利相比，也许你们之间的关系更重要。

你用沉默来回应失败，实则是在对那个无谓的胜利淡然地一笑置之。相比于那个胜利，你赢在了人性上。

懂得沉默是一个人很可贵的表现之一。

保持沉默，让对方在争论或是其他方面取得那些无所谓的胜利，这不是软弱的表现，而是一种懂得退让的智慧。

适时的退让，适时的认输，是说服中的策略。你要学会用沉默和忍耐管住自己的心。

我阿姨的孩子叫宁静，刚上大学。因为现在的孩子大多数是独生子女，因此，在刚住校时和她的室友曾柔彼此看对方都不顺眼，一见面，两人就吵，有时还会动手相互推搡。

曾柔比宁静长得漂亮，她总是明里暗里地欺负、嘲笑宁静又丑又笨，宁静很恨曾柔。一天，宁静趁曾柔不注意的时候，把她很贵的一条裙子给剪坏了。

像这样的事情时有发生。后来，宁静把这件事告诉了我。

我劝慰她说："你要学会忍耐。当你首先忍耐了，你的同学就会因你的忍让而对你友好。"

曾柔还是经常冷言冷语地嘲讽，这让宁静很生气，很想大骂回去，只是想到了我说过的话，便在心中默默对自己说："我一定要忍耐。"

由于她的忍耐，引起了曾柔的改变。久而久之，曾柔也不再挑衅，还送了她一条漂亮的裙子。

宁静恍然明白过来，是她的认输、她的退让、她的包容，消除了曾柔的仇恨，并使她赢得了曾柔的友谊。

生活中我们经常会遇到一些特别固执、特别蛮横、特别霸道的人，他们很容易跟别人发生争论与摩擦，而且脾气暴戾。

这时，占理的一方一定要具有宽恕他人的度量，可以一面向对方说明白，一面解决矛盾，最好使用温和的语言方式，让对方最终获胜，占据上风。这样可以避免矛盾愈演愈烈。

在说服中，最关键的就是一定要适时地向对方示弱，熄灭对方的怒火。

在说服时，遇到蛮横无理者，可以把错误都揽在自己身上，以自我责备的方式来对抗蛮横不讲理的人，以柔克刚，让对方取得无谓的胜利。比如说"这一切都怪我"等这类的话，可以避免一场无谓的口舌之争。

适时的退让，适时的认输，只有真正懂得人性的人才会做出这样明智的选择，才是真正的说服高手，才能在交际中处于不败之地。

4. 污点谁都会有，紧盯着只会失去人心

每个人都会有或多或少的污点，毕竟人无完人，但在交际中，我们绝不能只盯着他人的污点看，甚至对其不屑一顾。

这是无礼的表现，不仅会伤害他人，树立不必要的敌人，还会影响自己在大众面前的形象。

说话聊天是一门学问，如果总是轻易对有污点的人失礼，盲目地自我感觉良好，就容易处在危险之中了。久而久之，自己也会失去人心。

我一个朋友张冰是某高级俱乐部的会员，俱乐部每个月会举行社交宴会，每次都会来很多名人，是拓展人脉的绝好场所。所以，在这里，大家都会尽情展示自己的交际之术，以此来获得别人的关注。

张冰性格比较冷傲清高，她来这里的目的就是寻找完美的合作人。在交谈之中，她从别人口中听到了科技大亨Mr张的"丑闻"。

据说 Mr 张离过三次婚，最近的一次是上个礼拜。他的"小媳妇"偷了他很多钱，最后跟别人跑了。

张冰一听这话就对他满脸不屑，她认为这么花心滥情的人简直就是可耻的。

"Hi，你们好，我是 Mr 张，很高兴认识你们！"话说没多久，Mr 张就过来打招呼，其他人都很热情地给予了回应。

"哼！"张冰满脸不屑，她理都不理 Mr 张，径直走开，跟其他人打招呼去了。Mr 张非常尴尬，他深深地记住了张冰。

有好几个朋友都提醒张冰，不要太过情绪化，不能对别人无礼，哪怕是有污点的人，他也会有了不起的一面，说不定还能成为合作者。

张冰年轻气盛，对大家的劝告不屑一顾。

这世界真小，后来有一次张冰跟着同事去会见客户，结果正巧碰到了 Mr 张。他什么也没说，只是含笑看着张冰。

这时，张冰懊悔死了，她真后悔当初让 Mr 张下不了台，现在对方肯定不会跟她合作。

事实上，Mr 张是非常理智的科技大亨，他没有太为难张冰，但合作期间也只跟张冰的同事详谈。此刻，张冰才真正意识到当初的失礼是多么不应该的事。

从那之后，她再也没犯过类似的错误。她时刻铭记，他人的污点绝不应成为自己失礼的理由。

所有人都有缺点，甚至是污点，如果只盯着他人的污点看，必然会变得心胸狭隘，斤斤计较，会因为失去更多朋友而变得更加孤独。

社会中人际关系是非常复杂的，如果不能说出得体的好话，就不要信口开河。有些人就喜欢背后说别人的污点，到处宣扬，甚至当面出言不逊，做出失礼的举动。

这是悲剧的开始，很多后果往往是不能预料的。

有人说过，与他人相处时，如果只盯着对方的缺点，一天也无法跟他继续交往下去；如果在看到缺点的同时还能看到优点，那么做一辈子的朋友也没问题。

在交际时，太过苛刻，眼光太过挑剔，很容易会成为众矢之的。

也许你认为轻视别人没关系，但他人会记住你的失礼，以致记恨、反感，不利于人际关系的建立。

跟人交际时，要时刻注意对方的面子，毕竟在交际场合，面子对每个人的意义都是非常重要的，所以最好不要做失礼的事，不要逞一时之快而在人际关系中落于下风。

很多人在交际中都会犯这样的错误——喜欢拿别人的污点进行打趣。也许，开玩笑的人只是随口一说，但被说的人心里肯定会很不高兴。如果没有眼力，通常得罪了人还不自知。

总之，在交际中一定不要随便看不起人，不要看到有污点的人就侧目，没准你的一时失礼，会为以后的人际关系埋下祸患。所以，要时常约束自己，不要做失礼的事。

"打人不打脸，揭人不揭短。"当面对有污点的人时，一定要避开提及其污点的话题，如此才能避免失礼，不致引起对方不悦。当有人说及某人的污点时，我们也不要太当真，要根据自己的是非观念来判断，更不能听完之后就大肆宣扬，表达对当事人的不满。

拿别人缺点说事的人，不仅会得罪当事人，旁人也会认为他无知，反而损害自己的形象。当听到闲话时，我们还要及时制止，体现出我们的理性和睿智。

除此之外，在跟人相处时，要多肯定他人的优点，每个人都有想得到肯定的心理。每个人都有污点，也会有优点，多肯定他人的优点才能跟大家友好相处。

当别人都在拿他人的污点说事时，如果你能肯定他的优点，必然会得到感激，他日获取帮助时也会容易许多。

有一次，我和朋友打完球，去他家吃晚饭。路过小区门口的水果店时，我们准备买些水果，结果，我们挑完水果之后才发现因为打球都换了运动服，身上没带钱包。当时，我俩真是尴尬极了。

"你是张××吧？"卖水果的男子居然认出了我朋友。

"对，对，我是。"我朋友连声承认，但却不认识摊贩。

"我是小杜啊，之前在你们公司上过班，你不记得了？"

"哦，是小杜啊！"说到这里，我朋友才有了印象。

"这些水果你拿着吃吧。"小杜非常热情，让我朋友感动不已。

事后，朋友告诉我，小杜娶了一个长相难看的妻子，大家没事都笑话他，只有他一直很尊重小杜，肯定他的工作能力。

虽然是件小事，但不难看出，多肯定他人的优点，少说缺点是赢得大家喜爱的好办法。

如果在谈话时，非要提及他人的污点，这时就要掌握正确的方法。语言要含蓄，说法要委婉，要懂得适可而止，最好一带而过。如果说话太过直接，很容易伤害对方的自尊，将矛盾激化。

每个人都有缺点，如果我们能客观真诚地看待评价，相信他人也不会说什么，但万不可出言不逊，幸灾乐祸，如此失礼，后果会很严重。

交际是个彼此照应的过程，如果你能面对他人的污点不失礼，日后自己犯错时，对方也能保全你的尊严，以礼相待。

这个简单的道理想必很多人都知道，但往往因为感情偏见，而用有色眼镜看待别人。其结果也无非是逞一时之快，害人害己。

在跟别人说话时，要客观看待他人，讲究正确的交谈策略，不主动提及他人的污点，不碰他人的伤疤，用温和的态度以礼相待，你会发现，你的世界会宽阔许多。

5.言语若成一把刀，只会伤人又伤己

俗话说："良言三冬暖，恶语六月寒。"有些人说话直来直去，不注意语气含蓄，就会让对方觉得话如针刺，让人难以忍受。

也许，你是有什么就说什么的人，本身或许并没有什么恶意，有时甚至出于好心，但它造成的后果却不堪设想。这样的人，最好给自己的舌头筑道墙。

韩嘉是一家公司的中级职员，她的心地好是大家公认的。但和她同期进入公司的人都成为了独当一面的人物，或者成为了高层领导，但她在中级职员这个职位上干了好多年还是无法继续上升。另外，虽然表面上别人都夸她是个好人，但她真正的朋友没有几个。

那么，是什么原因造成了她和同事关系的表里不一呢？

其实，就因为她那张直来直去的嘴，说话不经过思考，影响了她和同事之间的关系。

有一次，韩嘉的上司午休回来晚了，而且满脸通红，显然是

刚喝了酒。上司一走进公司就直奔自己的办公室，很明显是不想别人知道自己喝了酒。

但韩嘉偏偏不识相地打了声招呼："经理回来啦，喝多了吧？"一语毕，整个办公室的气氛异常尴尬，上司也只得苦笑着离开。

类似的事情经常在韩嘉的身上发生。又一次，一位女同事背着一个很漂亮的名牌皮包来上班，同事们都争相试背。韩嘉看了一眼却说："很明显是假货，也就你才看不出来是假的。"

其实，大家早都知道是仿品，只是觉得没有必要说破，而韩嘉却毫不掩饰地道出实情。不用说，这个同事一定恨死她了。

像韩嘉这样什么事情都直来直去的女人，又怎么会有好人缘呢？往往，同样的内容和事实，因管不住自己的舌头，直来直去，就会让言语变成一把刀，刺得人心里流血。对方还会因此厌恶反感，甚至心生报复之念。相反，含蓄的语言往往比直言更易于让人接受，让对方听了心里甜丝丝的，从而对其心生好感。

还有些人，为了处处显示自己的聪明，总是和别人争辩，并且想成为最终的胜利者。这样的"硬碰硬"，既不能让对方心悦诚服，还会伤了彼此的和气。倒不如采取间接的、柔和的方式把你的想法渗透给对方，使对方更容易接受。多倾听和征询别人的意见，少做一些不容辩驳的直言和争论，哪怕你觉得自己是对的。

我的同学高雅是一家保险公司的推销员。有一次，高雅上门去推销保险，敲开门，女主人不客气地对她说："对不起，我现在很忙，没时间听你介绍产品。"

这时高雅看到了女主人怀里抱着的孩子，孩子可能是因为感冒在不停地咳嗽。她就微笑着说："您的孩子真漂亮，一看就知道长得像妈妈。"

"那当然！"听到别人既夸自己的孩子，又夸自己，女主人非常高兴。

　　高雅接着关爱地问："孩子咳得这么厉害是不是发烧了，要不要我陪你带孩子去医院看看？"

　　女主人听到高雅这样说，对高雅的关心有些感激："刚刚去过了，已经吃了药。"

　　高雅又关心地说："儿童用药一定要注意安全，有些处方药对儿童身体也是会有伤害的。"

　　女主人无奈地说："没办法，孩子生病了总得治疗吧。医生说如果症状没有减轻，还得打针输液呢。"

　　高雅惊叹道："这样孩子可就受罪了。我有个化痰止咳退烧的好方子，我回家给你找找吧。"

　　高雅第二次敲门的时候，女主人不但没拒绝，还热情地把高雅请进了屋里，还倒了茶水。这一次，女主人主动向高雅了解保险事宜。

　　因为高雅能设身处地地为他人着想，照顾到了女主人的感受，所以女主人在不知不觉中对高雅产生了好感。高雅无须任何过多的言语，就成功地说服女主人为孩子买了一份平安健康险。

　　高雅的推销保险成功案例告诉我们，要想真正地达到目的，我们可以"曲线救国"。有时选择配合对方当下的情感感受，表现出真诚的认同和关切这种间接方式，会更容易取得成功。

　　卡耐基说过：天下只有一种方法能得到辩论的最大利益，那就是避免辩论。爱争辩的人们一定要自己衡量一下，你宁愿要一种字面上的胜利，还是让对方心服口服？

　　在争辩里，也许你赢得了一场表面的胜利，但却因此丢掉了一个朋友，甚至树立了一个敌人，实在是得不偿失。

有心眼的人，即使在生气的时候也会克制住情绪，不让恶语破口而出，以免伤害别人。因为，他们懂得，有什么说什么，不论是对人或对事，都会让人受不了。它会导致我们的人际关系出现阻碍，让别人离我们远远的，免得一不小心就要承受你的打击。

有时候，揭发某事的做法，去攻击某人的不公，都会成为别人利用的对象。

其实，人性使然，几乎每个人都有一个内心堡垒，需要将真正的自我隐藏在里面才会觉得安全。你有什么就说什么，就恰好把这堡垒攻破了，把藏在里边的人生生地揪了出来。

赤裸裸地暴露出来，当然会让人觉得不爽，他怎么能对你产生好感呢？不妨控制自己，给自己的舌头筑道墙。

6. 留些心眼，并非谁都可以掏心掏肺

在人际交往中，我们可以和任何人和平相处，但聊天时，要留点心眼。

在聊天时，一定要切记：不是所有的人都是可以推心置腹的。就算是朋友，我们也要先经过慎重选择，找到一个或几个真正可以掏心掏肺的朋友，才可以敞开心扉，推心置腹地交谈。

我在一次坐火车时，无聊翻看报纸，看到过一个故事：

韩玮和杨秀是一家公司的同事，韩玮是一个真诚的人，对谁都特别实诚；而杨秀是一个特别精明、圆滑、有野心的人，为了

自己的利益可以不顾一切。

但韩玮并没能早点儿看清杨秀，一直把她当成自己最好的朋友。因为杨秀很会隐藏和伪装自己。

公司老总的儿子华瑞刚从美国留学回来，对韩玮一见钟情，并通过努力和不断的追求，终于打动了韩玮。

华瑞和韩玮恋爱关系确定后，公司里的很多年轻女性都对韩玮羡慕嫉妒，这其中也包括杨秀。

有一天，韩玮邀请杨秀去吃饭。吃着吃着，韩玮突然哭了，杨秀觉得很奇怪。

韩玮说："秀，你知道吗，其实我心里最爱的人不是华瑞。我大学的时候有一个感情很深的男朋友，只是后来他出车祸离世了。他死后不久，我发现自己怀了他的孩子。为了爱，我把孩子生下来了，并交给他父母抚养，这是我唯一能为他做的事情。"

杨秀听到韩玮内心深处的秘密后，惊讶之余，又很窃喜。

后来，杨秀把韩玮生过孩子的事情通过其他方式传给了华瑞。华瑞很快就提出了分手，而韩玮无奈地放弃了这段感情，辞职离开了公司。

虽然不知道这个故事的真假，但从中可以看出，在交际中，我们都希望能有推心置腹的朋友。但是，你一定要清楚地知道，不是所有的人都可以推心置腹。

就像韩玮和杨秀，她们是朋友，但最终韩玮向杨秀说了自己的秘密后，却被自己视为朋友的这个人出卖了。

我们在与那个可以推心置腹的人交流时，往往袒露的都是自己内心深处的情感或秘密。如果我们选错了人，就会给自己带来非常惨重的后果。选错的那个人往往会把你的隐私视为你的弱点，并利用你的弱点把你打倒，或利用你的弱点达到某种目的。

也许，你会觉得是别人出卖了你。其实，要怪的人应该是你自己，是你自己选错了人，是你自己把他（她）当成可以推心置腹的朋友。选对了人，你推心置腹的倾诉可以缓解你内心的情绪，也可以得到他人的安慰和帮助，并能加深你与对方的感情。或许，对方也会把心底的秘密告诉你，你们就会成为交流最深的朋友。

选错了人，你的倾诉就会成为对方利用你的把柄。所以，在你没有能力看清一个人是否值得信任前，最好是避免与他人推心置腹。

你一定要找你信任的人，你最了解的人，你知根知底的人，或是善良真诚的人作为你推心置腹的倾诉对象。

不要和表里不一、暗中伤人者推心置腹。

这样的人往往在表面上对你友好，实际上是想挖你的隐私，利用对你的了解，在暗中不知不觉地伤害你。

张佳跟我说起她刚毕业时在某公司的一个情景。张佳工作的策划部门经理是一个比她大十多岁的大姐，叫周韵。有时加班晚了，周韵就请张佳去吃夜宵。一来二去，她们就熟了。

有一次，周韵请张佳去喝咖啡，然后就开始非常煽情地讲自己的感情经历。说完后，周韵把话锋一转，对张佳说："把你的情感经历也说给我听听吧，我可是一个非常好的倾听者哟。"

张佳含蓄地笑笑，不说话了。

张佳曾听同事们说过，周韵的心机很重，对她职位有威胁的人都要打击。所以，她想了想，还是不要把自己的情感经历告诉周韵的好。毕竟，她对周韵还是不太了解。

"我的经历太简单了，不值得一提。"张佳的回答，令周韵大失所望。她想挖张佳隐私的打算泡汤了。

后来，听说有一个女同事因为和周韵交过心，结果被她利用了。张佳庆幸自己没有和周韵这种人深入交谈过，从此，她做事更加谨慎小心，对周韵也是敬而远之。

表里不一、暗中伤人者通常在你面前伪装得非常好，通过对你的关心，和你拉近关系。他们会在你情感低落时，陪在你身边，假装安慰你，实则是在套你内心的隐秘情感。

这种人还会先把自己的隐私推心置腹地告诉你，然后再希望同等交换，获取你的隐私。对于这样的人，你一定要敬而远之，对自己的事情要守口如瓶。

对有恶劣习性的人，也不要深交。这种人是意志薄弱的人，而且品质也不好。这种人没有社会责任感，没有道德底线，只要给这种人一点好处，他们就会出卖朋友。把自己的隐私推心置腹地告诉这种人，无疑是在自己的生活中埋下了"定时炸弹"。

以自我为中心、自私自利者也不是推心置腹交谈的对象。

这样的人会在一切活动中以自我为中心，总以自己的利益为出发点，很少真正顾及别人的立场与感受，跟这种人深交，最终"牺牲"的就是自己。

这种人，会在你触及他的利益时，随时准备"牺牲"你的利益，而成全他自己。

对于那些心态灰暗、处事消极的悲观主义者，你也得敬而远之，这种人只能给你的生活带来负能量。与这种人交往，你的生活中不会有阳光。

你推心置腹的倾诉，只会换来这种人的一声叹息。也许他不会出卖你，但他却不会给你积极的影响、良好的建议、正面的能量，还有真诚的安慰和劝导。

当你这样一一去排除时，你会发现你的身边真正可以推心置腹的人少之又少。在交际中切记：并非所有人都可以推心置腹。

7.一个微笑，让世界充满光彩

一个总是满脸笑容的人，往往比一个一脸严肃的人更善于表达，更容易打动人心，也更受大家的欢迎。在人际交往中，常常保持欢声笑语，可以让你更受大家的瞩目，更受大家的欢迎。

伸手不打笑脸人，没有人会拒绝与一个满脸笑容的人交往。

让自己成为一个拥有灿烂笑容的人吧，这样你在人际交往中就会占据优势。你的笑容不仅能打动人、影响人、感染人，还能给你带来无限好运。

有一次，我坐高铁去一个城市出差。车刚开动不久，我就看到一个乘客多次把脚放在前排的座位上，很多乘客也看到了，但都不好说什么。

这时，一位乘务员上前去劝其放下脚。这个乘客不仅不听，还对乘务员出言不逊。但乘务员没有与他争执，始终面带微笑地一次又一次劝解。最后，事情终于在乘务员的微笑中解决了。

在到终点站下车前，我看到那位乘客找到这位乘务员。我以为这个乘客要继续和乘务员胡搅蛮缠，没想到乘客略带惭愧地说："对不起呀乘务员，刚才我心情不好，是你的微笑打动了我，你的服务态度影响了我。"

乘务员报以真诚的微笑说："没关系，谢谢支持我的工作。"

还有一次，我在坐火车时看到一个孩子在车上嗑瓜子，把瓜子皮吐在车厢的地板上，一位乘务员微笑着上前劝告。孩子没有反应，孩子妈妈生气了，还故意唆使孩子继续吐瓜子皮。我看了都很生气，但这位乘务员却始终微笑着，边劝阻边扫瓜子皮。

这位妈妈看到乘务员这样的态度，非常不好意思，马上让孩子停止了这种行为。

微笑是上帝赐给人类最美好的礼物，是一种令人愉悦的表情。面对一个满脸笑容的人，你会感受到他的自信、友好、乐观。

同时，他这种积极的情绪也会感染你，使你油然生出自信、友好和乐观，从而很快和对方亲近起来。

微笑是一种内涵丰富的表情，微笑可以传递正面的能量，微笑可以消除人们之间的陌生和矛盾。

当然，你的笑容必须是真诚的，发自内心的。

微笑是最好的交流方式。微笑是真诚、友好、善意的标志。微笑可以化解矛盾和冲突，然后使关系变得简单、明了，可以调节人与人之间的关系，可以营造和谐、融洽的氛围。

在一些交际中，一定不要吝啬你的笑容，你的笑容会带来许多意想不到的效果。

要想在交际中取得很好的效果，获得好人缘、好关系、好人脉，那就必须养成微笑的好习惯。人与人相处，微笑可以使你的面容更美丽、更精致。你的笑容就是你最如意的橄榄枝，能把你的真诚、善意、友好传达给所有与你交往的人。

微笑不仅是为了别人，更是为了自己。面对生活，我们应该绽放灿烂的笑容。

当你在交际中遇到困难时，你可以思考一下，是不是因为你对人太吝啬了，没有付出你的笑容？

如果是这样的，那你就给自己印一张特殊的名片吧。这张名片上应该有这样一行字：世界因你的微笑而微笑。

很多人都不善于微笑，事实上，微笑也可以成为一种习惯。

我表弟张铎有一个缺点，就是总爱绷着一张脸，不苟言笑，对待家人、朋友一向都是一脸严肃冷峻的表情。

张铎毕业后做过很多工作，也做过生意，但都失败了，主要原因就是他那一张严峻的脸，给人一种生人莫近的感觉。

我和他谈过很多次，他认为这样的表情很酷。我告诉他不能只活在这样自认为的世界里，外面的世界需要的是微笑。

我让他换位思考下，当他看到一个人总是一张冰冷的脸对着他，他的心情会如何。

为了让张铎有真切的感受，我专门抽出一天时间，带他吃饭逛街。并非是带他散心，而是让他认真观察和感受：当面对一副拒人以千里之外的人时，他心情如何；当遇见微笑热情的人时，他的心情又是如何。

他感受完后，认识到自己以前的想法是如何幼稚，便开始尝试微笑，微笑待人，微笑做事。

一开始，张铎很难改变自己严肃的表情，总是强迫自己微笑。于是他每天练习，面对着镜子笑，面对着家人笑，面对着朋友笑。时间久了，笑肌就练出来了。

慢慢地，笑成了他生活中不可缺少的一部分。

半年后，张铎成功应聘到一家报社工作。他还给自己设计并印制了特别的名片，正面是姓名、联系方式、工作单位。反面是：

世界因你的微笑而微笑！

他每次递出名片时，总会真诚而友善地给对方以微笑。

现在，张铎时常笑容满面、热情真诚，给许多人留下了良好的印象。短短一年的时间，张铎把报社的业务搞得红红火火，发行量剧增，并得到了老总的赏识。

在人际交往中，你的微笑得传达出你的真心诚意。人的笑容感受力和识别力是非常强的，一个笑容代表什么意思，是否真诚，人通过直觉是能敏锐地判别出来的。所以当你对别人微笑时，一定要真诚，最好不要假笑、傻笑、伪笑。

真诚的微笑能让对方的内心产生美好和温馨的感受，对方会受你的感染报以你更加真诚的笑容，使对方的情感陶醉于愉悦之中，从而加深交往双方之间的感情。

在交际中，你的微笑要符合不同的人际关系和沟通场合。你的微笑要表达不同的意义，对不同的交往对象，要表达不同含义的微笑，以此传达不同的情感。

尊重真诚的笑容应该是给长者，关爱的笑容应该是给孩子，爱意的笑容应该是给爱人，等等。微笑使人觉得你很友善，喜欢并愿意与你交往。

不是任何的场合都适于展示你的笑容，如果笑得不合适、不恰当、不适时，就会适得其反。当你去参加一个庄严肃穆的场合，你就不能露出你的笑容，否则会招致别人对你的反感和厌恶。

笑容是对对方表示的一种友好和礼貌，是对他人的尊重，也是自尊、自信的一种表现。

多绽放你的笑容，并要使自己笑得恰如其分。这样才会体现你笑容的价值，让你在交际中成为最能打动人心的那个人。

Part 3:

工作要懂得适可而止:
"革命"重要，但也要有"革命"的本钱

1. 拥有健康的人，就是一个大富翁

健康对每个人的事业与家庭幸福都是至关重要的。

其实，我们每个人都向往着成功，向往着快乐的生活，但我们应时刻记住，不管发生什么事，我们都不应忽视自己的健康，没了健康，我们便会失去一切。

一个年轻人总觉得自己没有钱，人生没有任何意义。他来到

寺院对一个禅师说："我每个月都在为房租烦恼，别人开着跑车，自己只有一辆自行车。没有钱，也没法追求漂亮的女孩，我这样的人，活着到底有什么意思？"

禅师说："刚才也有一个人来我这里，问我活着有什么意思。"

"难道他也没有钱？"年轻人问。

"不，他非常有钱，但他已经没有什么兴致去花了。"禅师说，"他是个50多岁的大富翁，但因为常年劳碌，身体各个器官都出了问题，走路只能靠拐杖，过不久大概就要坐轮椅。他非常羡慕年轻人，说宁可用全部财产换一个健康的身体。那么，是你的话，你愿意和他换吗？"

"我不愿意！"年轻人立刻说。那一刻，他觉得自己其实挺幸运。

人生在世，每个人都在寻找快乐。可惜，快乐这东西不是你想要就能得到，不论是事业上的成就、感情上的皈依、学业上的进步，这些快乐都需要一段相当长的时间去历练和奋斗。

在这个过程中，我们要保证的就是身体的健康。

没了健康，只能在病床上听到别人事业的成功，看到爱人忙碌的身影，或者收一张自己根本无缘享受的录取通知书，这样的快乐有什么意义？甚至不能叫快乐。

健康是无价的，每一个健康的人，本身就是一个大富翁。

一个人应该把健康摆在生活的首位，健康就像一个数字的第一位，如果它是零，后面的数值再大，也不过是个零，没有什么比拥有却不能享受更让人灰心丧气。

健康也是个大问题，现代社会很多人不重视健康，他们认为身体马马虎虎，不生病就行。但是，没有人是一下子就病倒的，都是在长年累月的劳累中一点一点损伤机体的功能。或是在常年的懈怠中，根本注意不到身体的病变。

这种慢性病变很可怕，在你察觉不到的时候，你的身体已经在走下坡路，等到病重的征兆出现，你甚至来不及补救，糊里糊涂就倒在了床上，你所做的一切努力，也变成了此刻的医药费。

"趁年轻要多打拼"，这是我一个朋友乔生的名言。他今年29岁，靠着优秀的能力和勤奋的态度，已经在大城市买好房子，也是公司倚重的管理人之一。他是有名的工作狂，恨不得一天24小时都扑在工作上，就连和女朋友的约会都草草了事。

他的女朋友在医院做护士，是个漂亮开朗的女孩，乔生很满意。女朋友常对他说："现在过劳死的人这么多，你再这么下去，就算赚到了钱，也不过是支付医药费。"

乔生对此不以为然。

女朋友有女朋友的办法，她总是要求乔生带她出去玩，要求乔生不能在假日工作，每天晚上还要接她下班。

乔生觉得女朋友要求真多，但因为喜欢，他也只好把多余的工作推掉，抽出闲暇时间和女友在一起。

不得不说，这种劳逸结合的方法，非但没让乔生的工作减量，还大大提高了他的工作效率，让他再也不会因加班过度而头脑昏沉，需要大量喝咖啡提神。

乔生已经做好了未来的打算，和女友结婚后，他会尽量按照女友的意见安排工作和休息时间，增加运动和户外活动。就像女友说的，打拼重要，身体更重要。

身体是革命的本钱，身体健康才能打拼事业。但是，如果夜以继日地劳累，耗费体力和脑力，再好的身体也会支撑不住。等你元气大伤，再想补回来，就不知道要耗费多少时间。

所以，趁着健康的时候惜福养身，才能有更好的精神面对事业。

千万不要因为一时的快乐或拼搏损害自己的健康，要保证良好的睡眠和营养，要保证足够的运动与休闲。

人的身体是一台精密的仪器，经常活动润滑才能保持运转良好。如果每天都在超负荷地旋转，很快就要报废。

幸福的生活需要自己去创造，在创造之前，先要保证自己有资本去享受，有幸福不能享受不是智者的行为。

2. 用兴趣让你的工作 happy 起来

找工作的人，最怕简历被画上红叉，很多人不明白：为什么自己明明有能力、有学历、有经验，却还是被招聘的公司淘汰了？排除掉运气因素，最应该检讨的恐怕是他们对工作的心态。

负责招聘的人事经理们相信：一个不热爱工作的人，就做不好他的本职工作。

以前我还在某上市公司工作的时候，有一次和 HR 聊天，问他是怎么能在短短几分钟内，确定一个应聘者是否符合要求的。

他告诉我，在招聘时，他都会先问一个问题。

我问道："什么问题？"他微微一笑，说："你为什么离开上一家单位，选择到本公司来应聘？如果应聘者回答'我以前的工作单位比较小，虽然我很努力，但是部门经理好像不太信任我。

我觉得，贵公司能够给我施展才能的机会'。那我一般就不会用，会在他的简历上画一个小叉。"

我问道："为什么这样的回答会是禁忌？"

他说道："之所以问这样一个问题，是想从正面了解他对以前所在公司的评价。如果他说以前的那家公司有多么不好，或是那份工作如何不好，那么无论他的个人能力怎么强，我都不会录用他。因为我相信，那些整天抱怨工作不好的人，终将一事无成。"

我们经常听到别人说不喜欢自己的工作：工作枯燥、工作环境不好、工资少、上司不好相处……他们举出各式各样的例子来证明自己的工作有多么糟糕。

让我们视野范围扩大，看看都是谁在厌烦工作——我们不难发现，不喜欢工作的人，往往就是那些做不好工作的人。

如果工作本身能说话，相信它也会跳起来说："我的负责人能力平平，眼高手低，他每天都唠唠叨叨，不细心也不努力，明明成绩不够，却说是我不行！"

一个人不能改变环境的时候，只能去适应环境。

工作也是如此，与其认为工作面目可憎，不如去深入接触，发现它有趣可爱的一面。至少，要先摆正自己的心态，明白工作就是工作，工作需要的是负责任地完成，而不是不断的埋怨。

我曾看到过这样一个小故事：

一个小男孩跟着师傅学习雕刻，他认为整天雕刻石头是件枯燥无味的事，想要放弃。

师傅对他说："想放弃，是因为你不知道雕刻的乐趣。"

"雕刻的乐趣？"小男孩睁大眼睛，看着师傅拿起一块石头，一刀一刀地琢磨。师傅说："雕刻的乐趣，不是一刀一刀刻掉石头，而是找出石头中藏着的东西。"说着，他手中的雕像渐渐成型：头发、脸庞、眉毛、眼睛……

最后，一个栩栩如生戴着棒球帽的小男孩头像出现了。

小男孩大吃一惊："这不就是我吗？"

师傅点点头，指着满屋子的石头说："雕刻的乐趣就藏在这些石头中，你认为它们枯燥，它们就只是一些石头；你认为它们有趣，它们自然会给你无穷的乐趣。"

小男孩听完，再次拿起了雕刻刀。后来，他成了一个有名的石雕艺术家。

拿着雕刻刀，一天天坐在小房间里削一块石头，确实是件枯燥乏味的事，也难怪小男孩坐不住。

而雕刻师傅却能全神贯注地拿着刀子，直到把手中的石头变成艺术品。在这个过程中，他不会抱怨，不会不耐烦，他满脑子想到的，都是给一块石头赋予形状时得到的快乐。

把雕塑当成负担，雕塑就只是单纯地用刀子刻石头。只有了解雕塑的乐趣，全身心投入其中之后，雕塑才是一种艺术创作，才会回报雕塑人美满的享受和心灵上的满足。

长年累月地做一件事，难免会厌倦：售票员日复一日地报着十几个烂熟的站名；程序员月复一月地编着基础程式；教师年复一年地对学生讲授相同的内容……

当工作变成一种惯性、一种机械运动时，烦躁的情绪就会滋生，我们甚至开始质疑工作的价值：为什么要一直做同样的事？为什么不能去做点有趣的事？

这样想着，售票员开始懒洋洋地撕票，程序员开始昏沉沉地敲键盘，老师开始照本宣科地读讲义……工作变得越来越没劲。

而在那些把工作当乐趣的人眼中，事情又是另一个局面：售票员每天都在琢磨怎样让乘客更舒服，今天给公交车添加一些椅垫，明天给公交车备好一个药箱，后天又开始自学英语，心血来潮用中英双语报站；程序员总想开发出一套更加便捷的口令，每一天都在完善、推广自己开发的程序，越来越多的人愿意使用它；老师会在每一课都将最新的学科发现添加到讲义中，开阔学生的视野，讲的课程也越来越受欢迎。

把工作当负担的人，工作也会把他当做负担；愿意对工作付出的人，工作会给他丰厚的回报。

3. 要想工作有效率，首先需要懂得休息

在写这节之前，我先给大家讲个故事，这也是我朋友的一个故事：

我这个朋友叫李利，以前是一名国企的庭院设计师，后来她放弃了这份工作，去上海做起了零售生意。她经营着各种各样的庭院装饰品，无不高档豪华、精美绝伦，包括喷泉、工艺雕像，还有装饰草坪的造型坐椅等。

三年来，她一个星期工作五六天，平均每天工作 12 小时，这样拼命干下来，她的生意经营得越来红火。

可人不是铁打的，这么长期的高强度疲劳让她吃不消，她自己也承认，每天除了工作上的事，连考虑个人事情的时间都没有。她只有跟客户谈生意时才有时间停下来喝口咖啡，午休对她来说

简直是一种奢望。

当时，我极力向她建议雇用一个店员，起码能在午休前后两到三小时里帮她料理生意。这样，她就可以有足够的时间休息了，还可以利用这空出来的时间整理账目，好好考虑生意该如何做下去。

她听取了我的建议，不过刚开始她有点不安心，担心这个，担心那个。后来，逐渐学会了放心离开店，找个安静的地方坐下来，让工作了一个上午的疲惫慢慢消失。在体力和脑力渐渐恢复时，让新鲜的想法在清晰的头脑中迸发。

过了段时间，她注意到许多客户在庭院设计上需要她的建议，她的设计天赋相当有市场。不久以后，她又经营起一家庭院设计咨询公司，给她带来不少机会。

现在通过咨询业务，她可以清楚地了解客户对庭院设计都有什么样的要求，这样就使得店里的装饰品与器具总能迎合大家的口味。

不仅如此，现在她有更多的机会出去参观各种各样的庭院，有更多时间置身美景。呼吸新鲜空气的同时，她在设计方面的天赋也愈加显露出来。

不用说，这家公司给她带来了更多的盈利，店里的员工也多了起来。

请一个员工不仅找回了失去很久的午休，而且扩大了的思维空间，为她的事业开拓了一片新的天地，这就是懂得休息的作用。

生活中很多人对待自己不太负责任，他们似乎想惩罚自己。他们认为在别人休息的时间里拼命地工作，就可以缩短取得成功的时间，比别人更快享受到成功后的幸福生活。

其实，一个真正心智成熟的人是不会这样做的。

所以，不管你经营自己的生意还是在公司里任职，必须该休息的时候就休息。如果因为忙碌的工作，把你该休息的时间都剥夺了的话，那就该想想办法了。要明白，高效率的工作，来源于充沛的精力，而充沛的精力，则需要有充足的休息。

任何一个人若是苦心孤诣地专注于某一件事情，中间没有休息，就难以达到最佳状态。所以，为了提高自己的工作效率，为了自己的身体，每个人都需要适当地休息。

我曾看到过这样一个故事：刘晓高今年26岁，在大多数同学还是公司小职员的时候，他已经是一家外贸公司的销售副总了。

为了早一天跻身公司的高层，他没日没夜地工作，放弃了一切假日，总是思索如何才能将销售进一步扩大，让自己的地位进一步提升。

有一天，一位员工不到7点便来到单位，他以为自己肯定是来得最早的了，结果在他推开门时，发现刘晓高已经坐在办公室里对着电脑。

他好奇地问道："刘总，您怎么这么早就来单位了呀？"

刘晓高脸色惨白，有气无力地说："我昨晚就没有回去，一直在这里加班……"

刘晓高的话，让那位员工大吃一惊："刘总，不睡觉很影响健康的，看您的脸色这么差，就是因为熬夜造成的，您赶紧回家休息吧！"

谁知，刘晓高疲惫地挥了挥手，说道："没关系，我刚才已经在桌子上趴着休息了一会儿。好了，赶紧忙吧，今天还有好多事要做呢！"

这件事很快在公司传开了，公司老总也找他谈话，在表扬他工作努力的同时，也劝他应该注意休息。谁知，刘晓高却说："没关系的，我年纪轻，少睡一会儿问题也不大。让公司发展得越来越好，才是我的目标！"

就这样，刘晓高按着自己的理念干了下去。没过三年，他就因为成绩斐然成了公司的二把手。然而令人没想到的是，就在他走马上任的第三天，他却因为心血管破裂住进了医院。

医生检查后发现，正是因为长期睡眠不足，导致了刘晓高的血压极其不稳定，心脏有着严重的隐患，一旦遇到突发事件，身体就会迅速崩溃——在前天晚上，刘晓高就是因为应酬到了凌晨4点才导致急性病的出现。

经过抢救，刘晓高虽然保住了命，却成了一动也不会动的植物人。

你会经常为了工作而忘记休息吗？有的人也许会说，我每天加班加点也没事，身体照样好好的。是的，也许你在短时间里感觉不到身体出了什么状况，但是时间一长，你势必会因为平时没有得到正常的休息，而体质大大地下降。

虽然有些人也知道，该休息的时候一定要休息，但是当面对如此多的工作的时候，又有多少人能真正做到呢？

许多搞体育的人都知道，只有坚持有规律的休息，才能有效地保持和增强身体机能，增强机体的耐力，这样才能保持很大的运动量。这个道理用在工作上也是一样。

所以，为了自己的未来和自己的身体着想，大家应该在该休息的时候就休息，并且一定要懂得，在拥有一个美好未来的时候，也要拥有一个可以好好享受的身体。

有人说平时工作任务那么重，能有时间休息吗？其实，大家完全可以在工作一段时间后，出去散散步，或者稍稍打个盹。

短短的几分钟休息，会让你在接下来的工作时间中精神焕发，让你身体的疲惫感消失。

你最近过得如何？不管你是否在为未来奋斗，都必须要记住：身体才是革命的本钱，倘若身体垮了，一切都完了。

连数钱都数不动了，就算拥有再多的钱又有什么用呢？

4. 美好的生活不在于忙碌，懂得暂停才是真理

最近我在看一本杂志时，看到过这样一个小故事：

楚晴和雅莉是大学时代的同窗好友，楚晴的才华、人品及家世都好，所以步入社会后，在长辈的提携下事业一帆风顺，仅用了七年时间就位居某公司的经理，一时间意气风发。

雅莉虽有才能，不知是努力不够还是运气较差，几年下来换了几次工作都始终不如意。

昔日同学不同风光，雅莉觉得自己是失败的女人，一度陷入了自卑的情绪，她将自己关在房间里谁也不见。"在学校的时候我处处领先楚晴，我现在为什么落后了？""不！现在我应该还没有失败吧？"

过了几天，雅莉重新出发了，她找了一份与自己专业相近的工作，踏踏实实地做了起来，并努力培养自己的工作能力。

几年后，楚晴因经营不善而使公司面临财务危机，只好结束

营业，致使多年的努力功亏一篑；而雅莉脚步虽慢，但是稳扎稳打，并以其多年累积的经验、实力及资源，获得了施展的空间，使事业渐入佳境。

生活中有太多的波折，当你遇到挫折时，何必要选择"重启"呢？按下"暂停"键，思考一下，也许问题就会迎刃而解。

前中国国家女子排球队主教练陈忠和说过："在球场上，碰到传手不稳、守备疏忽的情况，我就会叫暂停，以求安定军心，鼓舞士气；遇到阵脚混乱，频频失分时，我也要叫暂停，为的是指导战略，稳定情绪。"

人们总是不甘落后、不甘平庸，总在更新着理想，更新着目标。

不断更新的理想和来不及实现的现实间总有一段距离，这让很多人觉得落后和恐慌，让他一刻也无法放松。所以，只有奋力地奔跑，再奋力地追赶。

其实，他们只是把没有的当成理想。因为这种理想，他们必须不断追赶；因为这种理想，他们开始对现在总是不满；因为这种理想，他们现在过得那么不尽如人意。

在以前合作过的编辑里，有一个叫丽丽的编辑朋友，她在杂志社就一直是个"拼命三郎"：做编辑时，因为大出血而住院，可就在卧床休息的20多天里，她仍在床上不分日夜地赶稿子；后来在某集团工作时，因为太多的加班熬夜，竟然在副总裁面前汇报工作时当场"失声"。

外派工作时，她白天走访市场，晚上熬夜赶写报告，竟然在周一早晨给员工训话时晕倒在众人面前；她要处理太多的突发事件、公关事件，时时应酬，顿顿喝酒，最后竟喝到不能起床，喝到阑尾炎发作还没有时间去做手术。

丽丽就像在跑步机上行走的人，从来不曾停歇过，总是脚步匆匆、马不停蹄。

终于有一天，生命的传送带还在继续运转，而前进的齿轮却坏了——她彻底崩溃了，同时，也终于有机会停了下来。

在长时间休养的日子里，我去探望过她一次。

当时，她跟我感慨，她一直以为她到哪里都是中坚力量，那里离开她就不行了。但是，她离开了原来的杂志社，杂志社照样存在；离开了原集团公司，公司照样在运转；离开了那些老同事，他们也各自活得很精彩。现在，就只剩下她没有把自己照顾好，成了朋友关注、家人揪心的对象。

我听着她的感慨，忽然余光瞟见了她的日记本，扉页上写着这样一段话：

"是的，我该停一停了，把背上的包袱放一放，好好地喘一口气。把急行军的步伐放缓一下，去呼吸一下负氧离子，看一看风景，让世上的纷纷扰扰暂时归于平静安宁，让纷乱繁杂的生活从今天开始归于简单平淡……我终于明白，人生的遥控器其实就掌握在自己的手中，在我40岁时，把'人生遥控器'果断地中止了快进键，按下了暂停键。"

忙碌有时候的确是一种幸福，只要能清醒地知道忙碌的意义；清闲有时候也是一种境界，只要不会为此而麻木；暂停也不是原地踏步，而是坐下沉思，反省自身。

生活的意义不在于忙碌后的结果，而在于实现梦想的过程。在努力打拼的同时，别忘了学会随时暂停，学会享受生活。

或许，幸福的生活正在后面奋力地追赶着你，只要暂时停一停，它自然就会与你会合。

人生就像一场旅行，在人生的旅途上，别忘了暂时停下来驻足片刻，欣赏一下路边绽放的美丽，你会发现生活真美。

5. 每一次化妆，都是艺术的创作

化妆师每次为新娘子化妆，都会把它当做一次艺术的创作，一边工作一边享受这过程中美的蜕变，多长时间都不会觉得疲倦，反而会为自己所创造出来的美而感动。

每当作家完成一部小说的时候，多日的辛苦疲劳不知所终，久久沉浸在小说中的世界，反复品味……

然而社会上还有很多人会对自己的工作不满，活得非常不快乐。他们认为接受现有的工作，是因为迫于现实无奈的生计，或者，当接受了一份工作后，发现这份工作和自己所想象的工作感觉大不相同。

于是，这些人开始在自己的生活和工作中，不断地叹气、埋怨，做事情没有了激情，在叹气和无聊的繁忙中虚度光阴。

生命是一场浮华的盛宴。它让人向往光明，但里面也充斥着黑暗，所以我们需要激励的字眼让自己在黑暗中坚强。

然而，激励也可能是盲目空洞的，需要知识的向导来引领人生的方向。但有时知识也是徒然的，需要在工作实践中的运用。不过有了工作还是不够，需要一个最重要的字眼来唤醒你对生活的热情——那就是爱。

爱上你的生活、你的工作，你便有了更多对自己的激励，对知识的渴望，对工作的执着。这样才会使当下的自己，乃至他人，甚至人类结合为一体。

工作是可以用眼睛看见的爱，如果人们想真正获得快乐，就该把工作当做是生活中的一种乐趣，而不是当做一种刻板、单调的苦差事。

面对选择职业的抉择时，我们不可放任自流，刚步入社会的我们都应该问自己："我适合做什么样的工作，我自己有哪些能力可以胜任这一份工作？"

如果我们自己的能力不够，那对一份工作的强求也是徒劳无用的。

或许我们应该这样来做——先选择自己所喜欢的职业，选择一旦做出，就不要有任何的反悔，除非发生一些严重的错误和意外。在工作中，努力地去付出，用毅力来加强自己的意志，这样任何一件事情都会有所回报。

其实，生活得幸福与否，全然是在自己的掌控之中。当我们对工作有了自己的一份热情，把它当做生活中的一种快乐时，自己便会体会到其中的各种乐趣。

为快乐而工作，这就是无悔的选择。

有这样一则故事，或许可以帮助你更深刻地理解为快乐而工作的秘密：

在艾伦遇见斯奇太太之前，护理工作的真正意义并非艾伦原来想象的那样。"护士"两字虽然是艾伦的崇高称号，谁知得来的却是三种吃力不讨好的工作：替病人洗澡，整理床铺，照顾病人的大小便。

艾伦带上全套用具进去，护理她的病人——斯奇太太。

斯奇太太是一个又瘦又小的老人，一头白发，皮肤干枯，她问艾伦："你来做什么？"

"我是来工作的。"艾伦生硬地回答。

"不用了，我今天不想洗澡，请你马上离开。"

使艾伦吃惊的是，斯奇太太眼里涌出大颗泪珠，沿着面颊滚滚流下。艾伦不理会这些，强行给她洗了澡。

第二天，斯奇太太料到艾伦会再来，准备好了对策。她说："在你做任何事之前，请先解释'护士'的定义。"

艾伦满腹疑团地看着她。"唔，很难下定义……"艾伦支吾着，"做的是照顾病人的事。"

话音刚落，斯奇太太掀起身上的被单，拿出身边的一本字典说道："不出我所料，你连自己的职责都不清楚。"随后她翻开自己标注好的页面慢慢地开始念，"护士的解释主要包括看护和照顾——看护：护理老人或病人；照顾：关心、照料或者珍爱。"

随后她合上书说："你坐下来，我告诉你什么叫珍爱。"

斯奇太太向艾伦讲了自己一生的故事，向她诉说自己在人生路途中所得的经验。

最后她告诉有关她丈夫的事情："他叫贝恩，是一个农民，长得高大粗壮，总是穿着很短的裤子，留着很长的头发。他当初追求我的时候，总是把鞋上的泥带进我家的客厅。我当初认为在他之前我会嫁给一个斯文的男人做丈夫，但结果我还是选择了他。"

她继续说着："在结婚周年的那天，我向他提出要一件爱的信物。这种信物是用金铸或银铸的钱币上刻写心和花色图案交缠一起的两个人名字的简写，在属于两个人特别的日子里赠送。在那天，我丈夫套好马车就进城了，我满怀欣喜地在山坡上等他回来，希望看到他伴着落日归来的样子，阳光会在他身后留下长长的影子。"

说到这里，斯奇太太眼睛红了："结果那天，我没等到他回来。第二天有人带来噩耗，他们发现了我丈夫的马车，还有这个。"说着她缓缓地拿出一枚铜币。

由于长期佩戴，它显得甚是陈旧，上面有着细小的花纹图案的环绕，上面简单地写着："贝恩与斯奇，永恒之爱。"

艾伦觉得惊讶，问道："你不是说是金的或银的钱币吗？这个是铜币吧。"

斯奇太太小心翼翼地把那件信物放好，点了点头，随即便泪流满面："如果他当晚回来，我见到的或许只是一枚铜币。但这样一来，我见到的，却是他给我的爱。"

之后，斯奇太太对着艾伦说："我在这里也希望你听清楚了，你是一名护士，你的问题就在这里——你只看到了铜币，却看不到爱。你记住，不要上铜币的当，要懂得寻找爱。"

从那次谈话之后，艾伦再也没有见过斯奇太太，她当晚便去世了。但是她给艾伦留下了最好的遗赠：帮助艾伦珍惜、珍爱自己的工作——做一名优秀的护士。

你还在抱怨自己的工作，觉得甚是无聊吗？你还在认为自己的工作是一种迫于无奈的煎熬吗？还在为最初的选择而终日碌碌无为吗？

如果答案是这样，请你先反思自己最初选择这份工作的目的，想一想你选择这份工作的意义是什么，想一想你为这份工作的付出和收获。

生活是一门艺术，工作可以成为生活中的一部分乐趣，这样的生活态度会得到更多的幸福和快乐。

6. 找到适合自己的土地，工作才会滋润你的生活

每个人在社会中都有自己的角色，都有自己合适干的工作和任务，如果从事不适合的工作只能让你得不偿失，毫无建树。

很久以前，有一只乌鸦非常羡慕在高空中翱翔的老鹰，很想像老鹰一样来一个漂亮的俯冲，抓住草地上的小羊。

于是，乌鸦天天模仿老鹰的动作拼命练习。

过了很多天，乌鸦觉得自己已经练得很棒了，就从树上猛地冲下来，扑到一只山羊的背上，想完成老鹰那样完美的动作。

但是，由于乌鸦的身子太轻，就在落到山羊的背上时，爪子不小心被羊毛缠住了。它拼命地拍打翅膀，想要从山羊的背上逃脱，都失败了。前来赶羊的牧羊人看见了，把乌鸦抓了去。

乌鸦不但没能像老鹰那样抓住小羊，反而把自己的性命交到了牧羊人的手里，它的盲目模仿上演了一场悲剧。

只要有常识的人都知道，俯冲抓羊的动作适合老鹰，却不适合乌鸦。但是，这只可怜的乌鸦却以为自己能成为一只像老鹰般的乌鸦，简直荒唐可笑。

可是在一笑而过后，你是否有那么几秒钟的顿悟，是不是也在这只乌鸦身上看到了某个时候自己的影子？曾几何时，你是不是也像这只乌鸦一样，因为看到别人的光鲜，就盲目地跟从，做

了一些不适合自己的事情呢？

就像人在买鞋买衣服时一样，36 码的脚就只能穿 36 码的鞋，高大的身材不能穿小号的衣服，一定要选适合自己的尺码才最舒适。即使是再昂贵、再精致的东西，如果不合适你，也只能当做摆设，它本身的价值也就得不到体现。

如果一个人总是在将就与勉强中度日，那将是一件多么痛苦的事。如果你选择了不适合自己的路，这就像穿上了不合脚的鞋走路一般，将会异常艰辛，甚至会把自己陷入无法自拔的沼泽。

适合，对我们来说太重要了。

在感情中，我们要找到适合的伴侣，这样才有一起营造幸福的激情；事业中，要找到适合的工作，这样才有奋发向上的动力；生活中，要找到适合的人生方向，这样短暂的一生才不会遗憾重重。

很多时候，也许你的适合得不到身边人的理解，甚至会遭到强烈的反对，可是，如果你觉得那是最适合你的，就一定要坚持，因为只有坚持，才能让时间证明你的正确。如果你因为得不到认可就委屈放弃，最后一定不会只是遗憾那么简单。

能对自己的人生负责的只有自己，除了自己，没有人会为你的错误选择埋单，连最亲近的人也不能。所以，我们在听取别人意见的同时更应该问问自己，这适合我吗？

当然，你坚持自己的选择的前提是，这必须是你经过深思熟虑后确定适合自己的。

我一个高中同学最近从某政府机关辞职了，自己开起了小吃店。他放弃了令人羡慕的公务员工作，不仅让周围的人吃惊不已，更是遭到家里人的强烈反对，父亲甚至以断绝父子关系相要挟。

他很苦恼，跟我说："我在机关里每天重复着同样的工作，拿着固定的工资，生活没了一点激情。我觉得年轻人应该多闯多拼，我希望自己能通过创业更快地成长，就算失败也无所谓，毕竟我还很年轻。"

我让他把真实的想法找个机会和他父亲好好谈谈。后来在一次晚饭时，他和父亲认真地谈了自己的想法和感受，他父亲也勉强答应了让他试试。

经过几年的磨炼，酸甜苦辣都尝尽的他，加盟连锁了几家快餐店。看着颇有成就的儿子，老父亲笑了。

适合自己的才是最好的，不要一味地邯郸学步，因为适合他人的不一定适合自己。也不要勉强自己去做自己根本无法做到的事情，那样有可能适得其反。只有找准适合自己的位置，你才能更加得心应手，取得更好的成绩。

如果不是耀眼的太阳，那么就做一颗闪烁的星星，照样能在夜里发光发亮；如果不是参天大树，那么就做一棵青青小草，照样给大地一抹生机；如果不是海洋，那么就做甘甜的水滴，照样能滋润万物。

要相信，每一粒种子终归有适合它的土地。

7. 职场其实不可怕，只是你把它想得可怕

很多时候，一些事情并非我们想象中的一样，每个人对于同样的事情都会有不同的见解，如果你想知道事情的真相，就一定

要亲自去感受。道听途说只会让你没有了主张，将事情复杂化，无形之中也给自己的心灵增加了压力。

职场很大，只要你离开了家庭和学校，只要你开始用自己的双手挣饭钱，那就算踏入了职场。

职场中的风浪有大有小，只有自己亲身经历了才有发言权。

无论你处于何种情况，都不要让众人影响你的想法，这样在你回头看自己的人生之路时才不会后悔。虽然有时候步履很艰难，但那是你自己选择的，在那泥泞中有着属于你自己的坚持，也有着印着你记号的成功。

在一本旅游杂志中看到过这样一篇感悟：有一个人去旅游，在路途中他遇到了一大片茂密的森林。

看到如此景况，旅人一时拿不定主意：这片树林如此之大，林中有什么动物也不清楚，万一遇上危险，那就不好了。

但是只要横穿了这片森林，用不了一天的时间就可以到达目的地，要是绕着走的话，几天能到达他也不知道，因为他查的资料只显示了捷径。他决定向当地的居民打听一下，看看这片森林里到底有什么，可不可以横穿。

旅人来到了附近的村落里，在一家小饭店里向众人打听森林的情况。店里的伙计告诉他，那片林子里面不安全，时常有狼和一些不知道名字的野兽出现，村子里的许多家畜都曾神秘地消失过，估计就是那些野兽干的。

旅人听了有些害怕，但是一个樵夫却告诉他，说他经常在那片林子里砍柴，倒也没有遇上什么野兽之类的，偶尔才会遇到一两条蛇，没什么可怕的。

旅人听了稍稍安心一点了，于是向樵夫借了一些防蛇药，准备横穿森林。店里的伙计依然坚持自己的意见，劝他还是绕道走，那样保险。樵夫拍拍旅人的肩膀，鼓励他不要害怕。

终于，旅人还是选择横穿森林。这片森林越往里面走就越幽深，地上踩着厚厚的落叶，在半路上遇到过蛇，偶尔还有一些野兔和山鸡出没，虽然声响很大，但是并不可怕。

旅人小心翼翼地穿过了这片森林，终于到达了目的地。

他不由地想，这片林子看上去很可怕，但是真正穿越过了也并不觉得如何，没有店伙计说得那么恐怖，也没有樵夫说得那么简单——因为林中荆棘丛生，并没有明显的道路，想要轻易走出来，不吃点苦头是不行的。

职场和这片森林是不是很相像呢？因为不了解，只是很模糊地感觉到很可怕，只有真正经历了才觉得并没有想象中可怕。

要想在职场中占有一席之地，刚开始可能会不怎么容易。就好比找工作，你投递出的每一份简历，可能会石沉大海；你参加过很多的面试，但是都没有被录取。

这或许会使你受到打击，对生活充满失望，但你应该想到，只有经历过磨难的历练，我们才能够更快地成长起来；只有经得住考验的人，才有资格受到成功的青睐。

职场是我们必须经历的一段人生，我们人生的大部分都是在职场上度过的。只有自己亲身经历过，一步一步走来，才会知道职场给我们的人生带来的是好处还是坏处；只有不让自己的心灵处在别人言论的影响下，我们才能够真正感受到职场带给我们人生的改变。

Part 4：

欲望要懂得适可而止：

看淡名利，人生可追求的还有很多

1. 贪婪人的眼中，快乐总在遥远的天边

只要是人都有欲望，并时刻被欲望包围，抱怨、痛苦、快乐、幸福……不过，这就是生活，酸甜苦辣咸五味俱全，一样也不缺。

有位哲人说过："人的欲望就像是一座火山，如不控制就会害人害己。"

我们一定都曾在电视上见过赌徒在赌场中的情景：赢的人固

然开怀大笑，输的人亦是捶胸顿足，但不管是输是赢，总之是没有谁愿意轻易离开。因为赢的人想赢得更多，输的人想翻回本钱。最后赢的人会输个精光，输的人也只会输得更惨。

所以，我们活着，最重要的就是克制自己的欲望，懂得适可而止，懂得知足常乐。唯有这样，我们的生活才会充满快乐，我们才会感觉到幸福的滋味。

快乐是我们内心的一种感受，它就在我们身边，我们每天都可以见到它。但是，在贪婪的人眼里，快乐却总是很遥远，他们苦苦追寻快乐，却一直没有收获，徒增了很多烦恼。

有一个国王得了重病，御医对此束手无策。

王后问国王："怎么样才能让你恢复健康呢？"

国王回答说："我是国王，享尽了人间的荣华富贵，但是我却感到不快乐，我当国王还有什么意义呢？"

王后说："这该如何是好啊？"

"去寻找一个天底下最快乐的人，我想知道他快乐的原因。"国王答道。

之后，王后将国王的话传达给了王子，让他去寻找天下最快乐的人。

王子知道托比是天下最富有的人，应该是最快乐的，先去找他。来到托比的住处，王子说明了来意，谁知托比一脸愁容，无奈地说："王子呀，我一天也没有感到快乐啊！"

王子不解，问道："你已经非常富有了，为什么还不快乐呢？"

"我的目的是赚到天下所有的钱，这个目标还没有实现，所以我不快乐。"

王子只好来到邻国，面见了邻国国王，并说明了来意。那国王说："我跟你父王一样，整天都忙于国事，根本就快乐不起来。"

王子告别了邻国国王，继续寻找。有一天，王子遇到了一位智者，他告诉王子说："人间不存在快乐，只有苦难和忧伤。真正的快乐在天堂。"当然，王子没有相信他的话。

接下来，王子又遇到了不同职业的人，但他们的答案都不能让他满意。直到有一天，王子遇到了一个乞丐。

那天，王子正在树下叹气，正好被这个乞丐看见了。

乞丐问："年轻人，天气这么好，你还叹什么气啊？"

王子见是乞丐，十分恼火，呵斥他说："关你什么事啊！"

乞丐没有恼怒，反而笑了笑，说道："前面有条小河，天气这么热，不如我们去洗洗，去去暑意，甭提有多快乐了。"

"快乐？你连饭都吃不上，还会快乐？真是太可笑了。"

"即使吃不到饭，用野果充饥也不错的。"

"那你晚上怎么睡觉？"

"地为床，天为被，多么宽敞啊！"

"那你身上有钱吗？"

"钱财是身外之物，我一个乞丐要钱干什么？钱太多了容易被人算计，我才不想自找麻烦呢！"

王子又问："那么权力呢？"

乞丐哈哈一笑说："权力算个什么东西？靠权力过日子的哪个比我快乐呢？"

王子问："你一无所有，到底凭什么这么快乐？"

"年轻人，我并不是一无所有，我拥有一切——太阳、月亮、春风、细雨、鲜花和无数的食物。这些都值得我快乐。"

王子恍然大悟，拉着他立即奔回了王宫。

如果你感觉不到快乐，那么你现在拥有的一切都不会让你感到快乐。其实，这就是你快乐的理由，是要你珍惜眼前所拥有的一切。

人总是会有很多欲望，总是在不停地追求，认为得到了财富以后，自己就会变成一个快乐的人。得到以后才发现，自己原来并不快乐，于是财富成为沉重的枷锁，将快乐挡在了门外。

快乐的方法就是打开枷锁，让自己变轻松。一个人有所追求，才会有成功的机会，追求可以成为一种快乐，欲望却永远都只是生命沉重的负荷。

詹姆斯在成为富翁之前，是一个穷小子，他每天穿着旧衣服，吃着残羹剩饭，非常羡慕街上那些坐马车的富人。他常常幻想："如果哪天我成为有钱人，那么我就是一个快乐的人了。"

有一天，幸运真的降临到了詹姆斯的身上，他竟然捡到了一袋珠宝。最初，詹姆斯想独吞这袋珠宝，但他转念一想，还是决定将珠宝归还给它的主人。于是，他在那里等了两天，终于见到了珠宝的主人。

这个丢失珠宝的人对詹姆斯大为赞赏，也非常感动，当即决定赠送半袋珠宝给他。

谁知，詹姆斯却拒绝接受珠宝，并说："先生，我不想要这些珠宝，我想靠劳动成为一个真正的富翁。"

珠宝的主人看着詹姆斯说："我专门做珠宝买卖，既然你不要珠宝，那就跟着我做生意吧，不过这袋珠宝就算是你的本钱。"

后来，詹姆斯跟着珠宝商人做起了生意，慢慢地赚了不少钱，成为一个富翁。为了赚到更多的钱，他兼并他人的店，几年之内成为一个真正的珠宝大亨。他终于过上了上流社会的生活，经常参加沙龙和晚宴，在宴会上他跟客人谈笑风生，可是客人一旦离去，剩下他一个人时，他又变得一点儿也不快乐。

他想娶一位姑娘为妻，可那位姑娘是因为他有钱才嫁给他，这使他感到非常痛苦。他的珠宝店还被人打劫过，于是他生活得战战兢兢，每天都担心自己的财富。

直到有一天，詹姆斯看见了一个流浪汉，见他脸上时刻都挂着阳光般的表情，便命人将他请进了办公室，问他："你生活这么贫苦，为什么还能这样快乐？我如此富有，却为什么感受不到快乐呢？"

流浪汉对他说："您看我一无所有，而您却是背负着众多的欲望，怎么会快乐呢？"

听完流浪汉的话，詹姆斯茅塞顿开。从那天开始，他决定帮助流浪儿童和无家可归的人，还做一些公益活动。这么做之后，詹姆斯又有了笑容，觉得自己此时是真正快乐的。

欲望是个金托盘，是潜伏在人心里的一种病毒。人的欲望没有满足的时候，如果自己的意志不坚定，就会让欲望有机可乘，自己也最终会陷入无穷无尽的重负之中。

不仅如此，欲望过重还会让人更加难以获得快乐。所以，一个人要想过得快乐、轻松，就一定要少一些欲望，多一些淡泊。只有这样人才不会为欲望所控制，不会被欲望侵蚀心灵。

曾经有一个人每天都努力工作，可就是无法取得别人那样的成绩，甚至连自己的小小愿望都无法实现，为此他很苦恼。

有一天，他去拜访一位智者，跟智者抱怨生活不如意，并请智者指明一条道路。

智者没有说话，而是给他一个小篮子，让他走一步就捡一块石头放进去。

那个人按照智者的话去做，没一会儿，篮子里装满了石头，累得那个人气喘吁吁。

智者此时才对他说："现在你明白感觉生活累的原因了吗？那就是因为你的生活中有太多的欲望，还充斥着一些无用的东西，这些加起来让你难以承受，所以你感觉到生活很累。"

我们每个人来到这个世上的时候，都有一个小篮子，在成长的过程中，也都如在捡石块。捡了第一块，就还想捡第二块，越捡越多，结果被欲望塞满了内心，那么就失去了快乐。

要想多一些快乐，少一些抱怨，那就不妨少一点欲望，多一点淡泊，求得内心的平静和安详，才是明智的选择。

2.你的人生，每天都可以被快乐包围

人为什么会变得贪婪？因为有所求，也是因为求之不得。

羡慕别人有的，自己没有，到了手又觉得不够，所以才会一直追，不管身后的东西已经够自己用上好久。

而且，贪婪几乎都会伴随吝啬，越是贪婪的人，越要把所有东西握在自己手里，不与任何人分享。于是，他们对他人的困难表现出极端的冷漠，甚至会剥夺别人的生存机会。

贪婪的人永远学不会满足，如果你告诉那些贪心不足的人：一个人越贪婪，越是什么也得不到，索取越多反而会失去越多——他们肯定不会相信，索取越多不是更好吗？怎么会什么

都得不到？

那么，让鼹鼠的故事告诉你，为什么索取越多反而会失去越多的道理吧。

在动物界，鼹鼠可是个勤快的动物。它们整天忙忙碌碌，不停地寻找着食物，把吃不完的食物储存到洞穴里。据统计，鼹鼠一生要储存20多个"粮仓"，足够十几只鼹鼠毕生享用。

然而，鼹鼠最后却会被饿死。拥有众多"粮仓"的鼹鼠怎么可能饿死呢？真是难以想象。

原来鼹鼠在晚年躲进自己的"粮仓"里要享受时才发现，门牙会长到无法进食，必须啃咬硬物磨短两颗门牙才行。

可是，年轻时只顾着储藏粮食了，没想到粮食以外的任何东西，总认为有了粮食就万事大吉，谁知道现在看着成堆的食物却无法享用。唉！鼹鼠只能长叹一声，凄惨地饿死在成堆的粮食上。

鼹鼠的悲剧告诉我们，一味地忙于索取，忘记维修保护索取的工具，最后得到许多也无法享受，甚至连命都会搭上。

可见，像鼹鼠这样的贪欲又有何好处？

人一旦和鼹鼠一样，陷入贪欲的陷阱里，会看不见隐患，看不见潜在的危机，看不见自己要付出的代价，就会上演鼹鼠这样索取越多失去越多的悲剧。

欲望的沟壑是无穷的，永远也填不满，所以应该在源头堵塞。不要总是想着要过多的东西，满足需求就是刚刚好，所有过量的东西都会变成肩膀上的负担，最后想扔也扔不了，耽误你的行程。

拥有与幸福并不成正比，并不是拿到的越多，内心就越满足。有时候心被占得满满的，反倒失去了开始的轻松，觉得处处有负担，一刻不能解脱。

满足欲望很重要，控制更重要，不然，生活就像洪水，使你无处安身。

大家是不是会经常看到这样的场景：一个小孩在院子里玩，手里拿着一个苹果，在妈妈买来的一篮苹果中，这个看上去最大、最漂亮。小孩子舍不得马上吃掉，一刻不离地拿在手里。

小孩正在得意，看到一个阿姨领着孩子经过院子，那个孩子的手里也抱着一个苹果，比他手里的更红、更大。

这个孩子立刻觉得不开心，丢掉手里的苹果对妈妈说："给我买一个更大、更红的苹果！"

妈妈说："要是你看到一个比那个还大的，该怎么办？再买一个吗？"

生活中的许多不如意，都来自于和他人的比较，盲目地比较会造成心理的严重失衡。生活有时就像小孩子手中的红苹果，世界太大，你总能看到更大更红的，如果一一去比较，累不累？何况，你怎么确定那个更大更红的苹果一定是甜？

人的贪欲是一件很可怕的事，贪欲就是消灭财富、消灭地位、消灭才华、消灭成功的地方。不论你曾经功劳多大、地位多高，不论你贪恋的是功名、钱财还是喜好等，一旦总想着索取，反而会失去更多。

即便你身边没有危机、他人觊觎，但从心理学上来说，一个人越是拼命追求某样东西，越是得不到这样东西。越在意自己所追求的，内心越恐慌，反而会徒增压力，给自己带来意想不到的损失：很多选手在大赛上失去挑战自己的机会，很多成绩优秀的学生大考时表现失常，很多演员在晚会上不能显示出自己的表演才华，都是因为太在意自己的成绩，给自己造成了压力。

如果自己的能力和精力有限，如果对得到的东西不善于管理，那么索取越多，浪费越多，最终还是会失去很多。

那么，应该如何遏制这种过分的贪欲呢？首先要懂得适可而止的道理。

"物极必反"在道家看来，任何事情都是过犹不及。事物总是相辅相成的。《老子》曾说："持而盈之，不若其已。揣而锐之，不可长保也。金玉盈室，莫之能守也。贵富而骄，自遗咎也。功遂身退，天之道也。"

其意思是说：水已盛满，不如停止下来。锤打金属使它尖锐，难保不长（必遭挫败）。金玉满堂，没有守得住的。富贵而骄傲，自己招灾。功业成就，退位收敛，这是合于自然规律的。

既然贪权揽势是致祸的缘由，既然"祸莫大于贪欲，福莫大于知足"，那么，不该伸手就别伸手。

人要学会如何行事，更要懂得如何收手。不论从事什么职业，学会适可而止可谓是一条亘古不变的真理，尤其是投资炒股更需要见好就收。

在股市上，许多不懂股票的新股民往往能够赚到钱，被套牢的股民基本都是过于在意自己的利益，总想再多赚一些的人。

中国第一股民杨百万曾经奉劝股民的至理名言就是：适可而止，见好就收。他说，虽然不进股市没有发横财的机会，但他进一步指出，进了股市但是你不懂，本来小康水平也会变成贫下中农，有的人进了股市后总是处于套住——赚钱——再套住——再赚钱的困境中。

因此，杨百万还特别提醒散户股民，要见好就收，赚了钱就要跑，做到适当的程度就停止。否则，散户股民赚了钱没跑等于是"纸上富贵"。

人一辈子不可能都在成功的巅峰耀眼夺目，那些在贪婪路上疯狂奔跑的人，与其有一天要在永无止境的索取中啜饮自己酿的苦酒，不如做人做事要懂得适可而止，见好就收，享受生活的另一番滋味。

莫羡人有，莫笑人无。每个人都有自己的贫穷和富有，但总的来说，只要有目标够努力，现在的生活就适合自己，为什么一定要盯着别人手里拿着什么？

想要别人的东西，总要遇到两个最实际的困难：一、你有能力拿到吗？如果根本没有能力，就一直眼红下去？二、你拿到后发现不好怎么办？如果还能拿着以前的那个倒也不错，可有些时候这些东西不是一直属于你，你放下，别人就会拿走，你回过头想找，不好意思，没有了，谁让你贪心呢。

生活的智慧在于知足。

贪图那些生活以外的东西，即使筋疲力尽，还是没追到最想要的。而知足的人，他们并非没有追求，没有理想，但在生活中，他们总会珍惜拥有的那些东西，并在其中感受到幸福。他们的幸福来自生活之中，心灵自然一天比一天快乐。

人生的乐与苦也遵循着某种平衡，你懂得调节自己，拿自己的拥有对比他人的缺失，自然就知道生活没有薄待你，你的努力也不是没有意义。

如果一味拿自己缺少的去比别人拥有的，那你会发现是个人就比你好，因为每个人都有自己的财富。这样比下去，你成了世界上最不幸的人，真是自讨苦吃。

所以，还是尽量去感受那些幸福的事，别总关注别人在做什么。想一想，你拥有什么，你该如何对待自己的所有，这才是幸福的功课。

3. 碰到烦恼，记得给自己一个微笑

快乐与幸福可以说是世人所追求的最理想的生活状态，无论途中遭遇多少坎坷，人生最终的目的都是获得快乐和幸福。

长期抱怨的人，会很容易犯一个错误，那就是助长自己脑海里的消极想法，他们不会快乐，也不会幸福。

也许有人曾经这样说过："我知道我不该抱怨、不该生气，但我不知道该怎样让自己不去抱怨、不去生气。这该如何是好呢？"

其实，有一个方法可以帮你解决这个问题，那就是微笑。

人生，每天不一定都能得到快乐，但如果碰到了烦恼的事情，记得给自己一个微笑；碰到了令自己生气的事情，给自己一个微笑，起码能使自己有一个好心情。

因为每个人的经历和对快乐的定义不同，所以快乐因人而异，谁也无法替代谁。乐观主义者说："人活着，就有希望，有了希望就能获得幸福。"他们能在平淡无奇的生活中品尝到甘甜，因而快乐如清泉，时刻滋润着他们的心田。

微笑，本身就是一种感情交流的美好神态，对别人真诚地微笑，体现了一个人热情、乐观的心态；对自己微笑，则是一份乐观的自信，让我们的心灵一直生活在愉悦之中。

那些不善于微笑的人，总是悲观地看待周围的一切，结果就

被悲观淹没了。

有一个女孩和相恋多年的男友分手了，她觉得所有人都在欺骗她，由于过度伤心失望，打算跳河自杀。

此时刚好被一个老太太碰到，老太太问："小姑娘，发生了什么事让你这么想不开啊？"

女孩把老太太当做自己最后的倾诉人，把满心的委屈都告诉了她，最后说："他欺骗了我，全世界都在欺骗我，我活着还有什么意思呢？"

老太太听完后笑了笑说："在你没遇到你男朋友之前，你是个怎样的女孩子啊？"

女孩回想道："那时候我一个人整天无忧无虑，自由自在的，真好。"

"孩子，现在你不又是一个人吗？我看你应该感谢他，是他又把你放回了那个无忧无虑的时光，还给了你再次选择的权利。"老太太慈祥地说。

听老人这么一说，女孩想了想，觉得很有道理——虽然失恋很痛苦，可她又一次拥有了选择的机会。想到这，她觉得心情好多了，自杀的念头也消失了。

没过多久，她又遇到了一个非常爱她的男孩子，并与他喜结良缘。

我们面对生活时，即便是命运真的在跟我们开玩笑，我们也不妨陪着它笑笑算了，说不定看到你如此开朗，命运会觉得过意不去，在今后的日子里多给你点好处呢！

朋友背信、恋人告吹、事业失败、亲人故去，像这样的事情在我们的生活中屡见不怪，无形中会加重我们的痛苦和心理负担。

但是无论生活怎样百般折磨，我们还是要继续往前走，学会安慰自己，未来的路才会充满光明。

人活一世，肯定会遇到各种各样的情况，这其中肯定也会有让我们感到心烦、让我们抱怨的事情。但这就是生活。很多人在面临这种情况的时候，常常会显得非常低落，甚至是手足无措，爱抱怨、发牢骚。如果你整天沉溺在自己悲伤的情绪中，或者沉浸在无边的恼怒之中，你就永远也发现不了快乐。

微笑可以传递正面的能量，微笑可以消除人们之间的陌生和矛盾。当然，你的笑容必须是真诚的，发自内心的。

微笑不仅是为了别人，更是为了自己。

很多人都不善于微笑，事实上，微笑也可以成为一种习惯。开始时，你可以练习着自己微笑，慢慢就会习惯成自然。

世界因你的微笑而改变，生活因你的"毫无怨言"而变得更加美好。

我的朋友刘松是一家金融投资公司的部门经理，在同事们看来，他总是深沉而严肃，一天到晚脸上难以出现一丝笑容。正因为这个原因，他没有亲密的朋友，没有谈得来的同事。

他的个人生活也非常糟糕，与太太结婚十多年，日子非常枯燥无味。太太这么多年来，也难得看到他微笑一次。为此，太太不止一次抱怨过他。

一天早晨，刘松照例洗漱完准备上班。突然，他从镜子里看到自己绷得紧紧的脸孔，感觉非常僵硬。他吃了一惊，心中开始不安。他给我打电话，向我说出了他的不安。

我想想也不知道如何安慰他，就说带他去看心理医生吧。后来，我们去看了心理医生，他将自己的苦水倾倒了出来。医生建议他多微笑，逢人就微笑。

看过医生后，刘松就尽量做到医生的要求。早餐时间，太太叫他吃早餐，他立刻高兴地回答："我马上来。谢谢夫人天天为我做早餐，你辛苦了。"说着便满脸笑容地走了过去。

谁知他的太太愣了神，没有想到他今天会跟往常不一样。不过，她还是高兴地说："你今天是不是遇到好事情了？"他愉快地回答说："从今天开始，我们都要生活在喜气洋洋的氛围中。"

来到公司后，刘松微笑着向同事们打招呼。大家在诧异和好奇中慢慢地接受了他的转变，并对他报以微笑。慢慢地，他跟同事们打成了一片，无形之中关系拉近了不少。

如今的刘松跟之前完全是两个人，之前他阴沉、严肃，而现在他快乐、充实，感觉自己充满了能量。

如果你能意识到自己不该抱怨的话，那就应该时刻保持微笑，积极调控情绪，多跟积极阳光的朋友往来，每一天都在愉快的气氛中度过。

无论生活给了你多少失落和波折，人生给了你多少辛酸，只要你回报一个微笑，让微笑的花朵永不凋谢，那么你就能拥有一份内心的宁静与淡然。给生命一个微笑，你的生命将因微笑而精彩，你的微笑同时也将因生命而美丽。

4.对完美的向往，让人错失身边那些美好

每个人都在追求完美，甚至有人为了追求它而花费了自己一

生的时间。我们知道，人们在追求完美的过程中可以不断地完善自己，充实自己，使自己变得越来越优秀，这是一种积极向上的表现。

但是，如果我们过分地追求完美，那就是一种病态了。此时的完美就是一个美丽的陷阱，诱使我们陷入泥潭，受尽折磨。

无论什么事物，都有它的极限，如果我们抱着不能得到理想中的结果就不罢休，同时置事物本身于不顾的态度，那我们只会品尝到苦涩的果实。要明白，这个世界上存在的东西都有一个度，有时候，瑕疵和缺憾也是一种美。

有的人认为，自身的完美主义体现的是一种对生活的认真态度，是一种积极、正确的行为。其实不然，过分追求完美会让你失去生活的乐趣，因为你对完美的向往已经完全蒙蔽了你的双眼，让你看不到沿途的美景。

过分追求完美会让你很累，因为无论你怎么努力都不能达到所谓完美的地步，你会否定自己所有的努力和汗水，抱怨命运的不公。

我在旅游时遇到过一位60多岁的老人，他没有结过婚，过着到处旅行、流浪的生活。他每天都忙忙碌碌，每天都愁容满面，似乎是还没有找到想要的东西的缘故。

我问他在找什么时，他说："我在寻找一个最完美的女人，我要娶她为妻！"

我继续问他："找了那么多年，去了那么多地方，难道你就没有见到过一个完美的女人吗？"

"有的，我碰到过一个，那是仅有的一个，她真是一个完美的女人！"

"那你为什么没和她结婚呢？"

老人叹了一口气，满脸无奈地说："可是，她也正在寻找一个完美的男人并要同他结婚！"

这位老人之所以还是孑然一身，究其原因，都是追求完美惹的祸。老人因为坚持完美，因而错过了很多原本可以拥有的美好东西。他不明白，完美是不存在的，生活更不可能有完美的结果。

因为追求完美，人们便会对不完美的东西不屑一顾，这常常会使我们失去很多机会。所以，我们无论是做人还是做事，都要面对现实，从实际出发。

我们只有学会不苛求生活中的琐碎小事，不一味地追求完美，才能拥有更轻松的生活。

可是，完美主义者却偏偏给自己设定了一个十全十美的目标，所有的事情都要求做到最好，一旦得不到预想的结果，就会深深自责甚至沮丧消沉，继而彻底怀疑和否定自己，完全被完美主义束缚住了。这样的生活岂能轻松？岂能快乐？

很久以前，在干旱的沙漠边缘地区住着一位牧人，他的家里非常贫穷。他很羡慕富人的生活，幻想着自己有钱的那一天。然而，现实总是残酷的，他年年还是过着原来的贫苦生活。

一天夜里，牧人梦到一位天使对他说："我是幸运之神，住在一百里外的石洞里。你来拜访我吧，不管你有什么愿望，我都会满足你的。"

牧人感到很兴奋，决定前去一探究竟。第二天，他骑着骆驼出发了，走了两天两夜，水和食物都用完了。

就在他饥渴不堪的时候，他看见前方果然有一个发出七彩光芒的洞穴。走进洞穴里，他见到了光芒四射的天使。

天使把一个红箱子送给他，说道："这个宝物可以让你改变一切。我教你一句咒语，只要你念了它，再把心里想要的东西告诉箱子，之后你打开箱子，你想要的东西就会出现在眼前。但有一个条件，它只可以使用一次！"

　　牧人很感动，此时他又饥又渴，便问天使："我现在最需要的是一顿饭，你可以满足我吗？"

　　"可以！"接着天使又交给牧人另一个蓝色箱子，"这是另一个宝物。我教你另一个咒语，只要你念了它，再把心里需要的东西告诉箱子，之后你打开箱子，你需要的东西就会出现在眼前。它也只可以使用一次！"天使说完后，就消失不见了。

　　牧人太兴奋了，赶紧对着蓝色箱子念了咒语，要一些食物和淡水。打开箱子，他的愿望果然实现了！

　　次日，他带着万分高兴的心情回去了。一路上他念着咒语，把一件件的愿望告诉了那个红箱子。牧人首先想要到一片牧场，接着他觉得还需要一片果园。可是只有果园并不完美，所以他又要了一座花园。当然，他还需要一座宫殿，并要求房子的庭院里有一个大水池，水池底下要镶满宝石，池里有音乐喷泉，池上又有鸳鸯、天鹅，等等。

　　另外他想到回到家后，再叫他的太太把她所想要的东西一一告诉宝箱，直到他觉得自己的人生拥有这些东西足够完美之后才停下来。

　　一路上牧人非常高兴，然而一天之后，他发现食物越来越少，淡水也快喝完了。他有点懊悔，抱怨道："当时要求的食物和淡水太少了。"但他又想道："不要紧！再坚持一天，到了家打开红箱子，那么一切就都有了！"于是，他忍着饥饿和口渴，在沙漠里缓缓地前进着。

第三天，他实在熬不下去了，从骆驼身上倒了下来，手里抱着的红箱子也掉在地上。这时，牧人撑不住了，于是伸手把红箱子的盖子掀开。顷刻间，他的愿望全都实现了。

只是，他要的花园太大了，房子在远远的另外一端，他要通过花园才能到家门口。他鼓足了劲拼命地向前奔跑，跳进了水池里。跳下去之后，他才想起自己根本不会游泳，于是使劲挣扎，但身体却不听使唤，一直往下沉。

他要求的水池太大了，也太深了，他的脚根本够不到池底。

就这样他沉下去，最后，他看见了镶满宝石的池底，还没来得及高兴，就溺死了。在溺死前，他还在拼命挣扎，脑海只有一句话："谁来救救我啊！现在我想要的都已经出现在眼前，我的人生即将圆满了，可是一切都完了！"

为了追求完美，这位牧人不停地要求，不停地索取，不承想却因此而丢了自己最宝贵的生命。

世界上没有绝对完美的艺术品，也没有绝对完美的人，更没有绝对完美的生活。过于追求完美的人，常常会束缚自己，就像总想把梦幻中的美景带到现实中的人一样，经常会感到沮丧和失望。

我们总是希望自己不犯错误，把任何一件事情都做得完美无瑕，因此一旦犯了错误，没有把事做到完美，就会常常自责、抱怨，在精神和肉体上承受巨大的折磨。

其实何必这样呢？完美是不可能达到的，人只有懂得满足才能享受到生活的乐趣。所以，无论做什么事情，只要我们真正努力过就应该感到满足，一味苛求完美是没有意义的。

我们要学会为自己的努力成果喝彩，哪怕只是一点点，这样才能有成就感，才是正确的选择，我们用这种心态才能正确面对生活中的不如意。

换一种心态看待生活中的残缺，或许我们就能看到一片轻松的天地。

5. 不要让自己的名字，像气泡那样一闪而过

骄傲自满是世间失败的根源之一。比尔·盖茨曾说："如果我们有了一点成绩便觉得了不起，这是不可取的行为。如果在我们为自己的成功自鸣得意时，有一个人来教训我们一番，那么，我们就可以称之幸运了。"

但是生活中，并不是总有人来提醒我们不要骄傲，所以很多人都会因骄傲而犯错，从而导致自己的失败。

我们在做某些事情取得阶段性胜利的时候，千万不要沾沾自喜，一定要提醒自己："我们这回运气好，事情还没完，还要继续努力。"

生活中有太多的人会骄傲自满，当他们志得意满的时候，往往就会忽视隐藏的危险，把所有的注意力放在自己的小成就上，从而犯下致命的错误，使自己后悔莫及。

著名的教育家卡尔·威特在教育自己的儿子时，就非常注意表扬的方式。

老威特对于儿子做出好的事情会加以表扬，但不会过分地表

扬，因为他害怕过分的表扬会助长儿子的骄傲情绪。

他担心儿子在学习方面会有自满的情绪，他总是教给小威特区分各类学科的知识，以避免儿子滋生狂妄自大的情绪。

在小威特长大一些以后，卡尔·威特就这样循循善诱地对他说："无论怎样聪明，怎样通晓事理，有怎样的才学，都不过是眼前的浮云。如果稍微懂得一点知识就骄傲自满的话，那这样的人真是可怜至极了。"

"不要把别人的溢美之词放在心上，能听别人的赞美就必须接受别人的中伤。愚蠢之人的表现就在于听到赞美就会沾沾自喜，受到中伤就会因此而悲观厌世。"

没有人喜欢与骄傲自满的人在一起，只有做到胜不骄，才能得到别人的尊敬与爱戴。一个只会沾沾自喜的人，注定只能做一只"井底之蛙"，到最后吃亏的还是自己。

有一只风筝，在主人第一次带它飞向天空时，它十分兴奋。但它还希望能够离天空更近一些，于是它不断地努力向上升。

正当它兴奋得忘乎所以时，忽然发现身下一紧，往下一看才发现是主人抓紧了线不肯再放。

风筝顿时心生怨气："干吗要牢牢抓住我不放呢？假如主人再多放一些线，我就更靠近广阔的天空！"

于是它不断挣扎、不断努力地向上飞。但由于它用力过猛，线忽然断裂开来，风筝一下就失去了平衡，在天空中摇摇摆摆，翻了一个大筋斗后就往地面坠落。这时，它被一阵强风吹向了大树，被撞得残破不堪，它也失去了再次飞向天空的能力。

很多人都会像这只风筝一样，因为自己有一些突出的特长，就产生一种优越感，对自己的能力产生幻觉，觉得没有什么事情可以难倒自己。不知天高地厚就是因为这种优越感而滋生的，最终使自己跌下万劫不复的深渊。

得意就容易忘形。很多人在艰难困苦中能够挺下来，胜利来临时却容易失败，这是因为骄傲常让人在最平坦的路上栽跟头。

《圣经》上说："骄傲在败坏之先，狂心在跌倒之前。"历史人物当中，有不少由于一时得势就忘形，以至犯下重大错误，最终导致失败甚至丧命。

三国时的关羽，武艺惊人、忠肝义胆，是天下闻名的猛将。但是，"颇自负，好凌人"却是他致命的弱点。

刘备在益州时，马超来降。关羽得知后，写信给诸葛亮，问道："马超武艺如何？"诸葛亮回信道："马孟起文武双全，雄烈过人，一代俊杰，可以和益德并驾齐驱，然而不及美髯公的超群绝伦。"

关羽将这封书信拿给属下观看，以此来炫耀自己的才能，无形之中破坏了自己的形象。

刘备称汉中王后，拜关羽为前将军，张飞为右将军，马超为左将军，黄忠为后将军。

当时费涛受命将任命送往樊城前线，但关羽看不起黄忠，认为黄忠不配当将军，于是勃然大怒说："大丈夫决不与老兵同列！"再三不肯接受印绶。

后来，因费涛再三劝解，关羽才勉强接受了任命。

襄樊之战初期，关羽的骄傲体现得淋漓尽致。

这年，樊城地区屡降暴雨，汉水泛滥，驻守城外的曹军也被淹没。关羽抓住这一时机，放水淹曹操七军，擒于禁、斩庞德。在这之后，关羽倾其全部军力围困襄阳。曹操在荆州所部都望风而降，许都以南地区也受到了关羽军的震动，关羽也因此而"威震华夏"，以致曹操产生了迁都邺城的想法，以避关羽之兵锋。

这时的关羽可说是无往不利，但同时也是最危险的时候，因为骄傲会造成他轻敌的错误，更会造成他孤立无援的局面。

关羽本应该在这时提高警惕，但因为骄傲自负的这一缺点，受东吴都督陆逊美言的麻痹，犯下了兵家大忌。

关羽最终败走麦城，被吴军活捉杀身。

生活中随时随地都能见到经常夸耀自己当初如何、学识如何的人，却不知道这样已经引来了别人的反感，犯了人际交往中的错误。志得意满时，我们应该提高警觉，在最容易麻痹的状态下，时刻提醒自己不要犯错。

一个人实力非凡，即使沉默不语，也会在工作中得以体现。我们的大好前程往往是因为自己的自吹自擂和骄傲自大而断送，因为当我们志得意满、夸耀自己时，往往会惹来别人的反感，犯一些伤害别人自尊与感情的错误，使我们失去朋友，因为没有人喜欢和一个总喜欢自我表扬的人在一起。

无疑，成功的秘诀之一就是良好的人际关系。所以即使有了一些成就，也不要到处炫耀，那样只会让自己犯错误而没有任何的好处。

俄国作家契诃夫曾经说："人应该谦虚，不要让自己的名字像水塘上的气泡那样一闪就过去了。"

如果我们觉得自己已经成功了，那就不要自我膨胀，因为志得意满的时候，我们总会看不到隐患，犯一些错误。因此，一定要保持清醒，不要被小小的成就冲昏头脑，这样才能取得最后的胜利。

6. 过好今天，不要去忧虑昨日或明天

每一天都会遇到很多麻烦：早起上班，穿鞋发现鞋带断了，换鞋子晚了一分钟，没赶上车；到了公司，发觉上司心情不好；下班后去超市，发现电梯坏了；去快餐店吃晚饭，发现肉烧得过了火候……这些小麻烦，总能让人烦恼，所以我们经常听人感叹："怎么这么烦呢！怎么什么事都不顺心呢！"

一男子整天烦闷，心中有无数烦恼，请求一位禅师帮他开解。

禅师听他细说平日生活的种种烦恼，突然对他说："帮我倒杯茶水。"男子依言而行。

禅师接着问："你可喝过茶？"男子点头。禅师又问："可把煮水的灶具都收拾好了？"男子点头。

片刻之后，禅师又把同样的问题问了一遍，男子又答了一遍。

没想到禅师又问了第三遍，男子忍不住了："为什么一直在说这个问题？"禅师大笑："你的烦恼，不就是因为把同一件事翻来覆去地想？你不去重复，又哪里来的烦恼？"男人恍然大悟。

烦恼其实不是什么大事，很多人尽管烦恼，也懂得一笑而过，翻书一样翻过一页，就算过去了。真正让烦恼成为大事的，是人的心态。有人偏要和自己较劲，越是烦恼越要想，越想就觉得越麻烦，于是，所有的小麻烦都变成了大烦恼。

更可怕的是，世间万物都有或明显或隐晦的联系，当烦恼多了，就会发现它们彼此盘根错节，这时，烦恼就变成了铺天盖地

的罗网，让人觉得根本无法逃脱，于是，人们继续烦恼……

古时候有个杞国人，天天担心头顶上的天会塌下来，他每天都想着天塌下来，自己一定逃不掉，觉得自己很凄惨。他担心不已，竟然生起病来。

朋友来看他，问他为了什么事病得这么严重，他忧心忡忡地将烦恼说了。朋友大笑说："天怎么会塌呢！而且，就算天真的塌了，你担心就能避免吗？"

在所有的烦恼中，最麻烦的有两样：一是为昨日烦恼，一是为明天烦恼。昨日已去，无法改变，烦恼也是白白浪费感情，世上没有后悔药，偏偏人们总是喜欢后悔；明日还不分明，烦恼也抵不过变数，更是无用之举，偏偏人们就喜欢担心明天会发生什么，似乎担心一下，明天就会变得顺心如意。

这些人，都是杞人忧天。

时间是一个单向的过程，从昨天通向明天，只在今天稍作停留。它给予我们的只有24小时，说长不长，说短不短。利用得好，可以做很多有意义的事，但如果左顾右盼，一会儿想着昨天哪件事没做好，一会儿想着明天哪件事可能做不好，你还剩多少时间留给自己？留给那些真正该做的事？

烦恼到极点的时候，人们希望烦恼放过自己，让自己落得片刻清闲。其实不是烦恼不肯放过你，而是你不肯放过烦恼，不肯放开自己，总觉得多担心一点，多做一点，就能让自己的心情缓解一下。但烦恼不是心灵的放松，它只会让心灵的弦绷得更紧，让心头的大石压得更重。

如果不能自己想开，不能把烦恼当做一件平常事，不为它浪费时间，任凭旁人如何开解，烦恼仍然是烦恼，根本不会改变。

天下本无事，庸人自扰之。每日只想烦恼，更加看不透其他人事，对于一个人的判断力也有极大影响。

何况，一个人应该向远处看，才能走得更远。只是看到眼前的一点小事，被小事绊住手脚，如何做大事？

能够忘却烦恼，体现了一个人的智慧，也体现了一个人的心胸。人活于世，过好每一个今天，不去追悔昨日的事，不去担忧明天的事，福乐安康，摆脱烦恼的纠缠。

7. 自私也得有个度，奉献才是快乐的真谛

很多人的一生就是为了利益而活，在利益面前，这些人会你争我抢，试图分得最大的利益。可是，这往往会造成两败俱伤或者徒劳无功的结局。

很简单，僧多粥少，互不相让的结果就是谁也得不到。因此，只有想着他人，满足他人的利益，个人的利益才有保证。

做事不能只考虑自己的利益，拿人们最熟悉的推销来说，如果推销员只自顾自地介绍自己的商品如何好，肯定不会打动人心。很简单，他没有指出商品对消费者的作用。

因此，那些聪明的推销员都会站到消费者的角度考虑，指明自己推销的商品能为消费者带来什么益处。这就是利他的表现，自己的目的也能达到。虽然是主观为自己，客观为他人。

这种推销看起来简单，可是，假如一个自私自利的人心中从来就没有装着他人的利益，那么就不会做出有利于他人的行为。

在森林里，小猴和小鹿结伴出游，散步到河边。忽然，小猴发现河对岸有一棵结满果实的桃树。

小猴说："我先看到桃树的，桃子应该归我。"说着就要过河。小鹿说："是我先看到的，应该归我。"说着也过河去了。

但小猴个矮，走到河中间，被河水冲到下游的礁石上去了；小鹿虽然到了桃树下，却不会爬树，怎么也够不着桃子。

这时身边的柳树对小鹿和小猴说："你们每个人只看到自己的利益，结果谁也得不到。改掉自己顾自己的坏毛病，好好想想怎样合作才能吃到桃子，问题不就解决了吗？"

于是，小鹿驮着小猴过了河，来到桃树下。小猴三下两下爬上了桃树，摘了很多桃子，自己一半，分给小鹿一半。最后的结果自然皆大欢喜，它俩吃得饱饱的，高高兴兴地回家了。

生活中，大凡自私的人总是"我"字当头，不肯兼顾他人的利益。他们总是最先考虑自己的利益、感受，我想怎样就要怎样。其实这是一种不近情理的行为，是心智还未成熟的表现。

每个人生活在这世界上，都与他人有着千丝万缕的联系，如果一个人只想到自己，只为了自己的利益行事，那他是很难在这个社会中立足的。

很显然，当我们有私心的时候，就看不到他人的需求，就不会把他人放在心上，对他人的一切都漠不关心。我们对他人漠不关心，那么他人自然也不会对我们关怀备至。

结果，一味自私自利，常常会在不知不觉中伤害到别人，从而为自己制造许多敌人，阻碍自己的成功。

因此，为了创建一个良好的人际交往环境，我们应该尽可能地为对方着想，改掉自私自利的坏习惯，培养自己的利他心。

传说在明末清初时期，苏州有一家赵姓的商人常年在外谋生，妻子领着三个儿子在家种田。等孩子渐渐长大了，这位商人把田地划为三块分给每个儿子，都以种茶树为主。

有一年，商人从广东回家，带回一捆花苗，随意地将它栽植在大儿子的田边。谁知，无心栽花花自开，一朵朵白色的小花散发着淡淡的清香。

有一天，大儿子惊奇地发现，自家茶田里所有的茶树都沾染了小白花的香气。他不声不响地采了一筐新茶，到城里卖，没想到，茶叶十几分钟全部卖光了。

消息不胫而走，前来订购"香茶"的人挤满了大儿子家的庭院。这一年，赵家大儿子卖"香茶"发了财。

他的两个弟弟知道后，认为哥哥的"香茶"是父亲栽种的香花所致，因此，赚来的钱应该平均分配。哥哥当然不答应，兄弟间为此一直吵闹不休，最后找到乡里的一位老秀才，让他评评理。

老秀才得知三兄弟吵闹的原因后说："你们知道吗，香花就是财神菩萨，他来到这里本来是为了让你们发财，可不是为了让你们因为各自的利益而闹得四分五裂。如果这样，你们谁也得不到香花了。"

老大听了老秀才的话后，首先提出把自己的地和两个兄弟换一年，让他们也发发财。可是，两个兄弟想到这样会有损哥哥的利益，于是，他们谁也不再提分取利益的事情，而是团结起来，共同栽花，你浇地，我施肥，谁也没有怨言。

这样，在哥哥的帮助下，两兄弟都种上了这种"香树"，一家人共同致富。后来，全村的乡亲在他们的带领下都发了财。

有一颗利他的心，并不是说不要个人利益，或者个人只分最少的利益，而是要明白，只有想到他人，让他人的利益得到满足，才能享受人人为我的成果。

一个具有利他精神的人，不会为小事和别人斤斤计较，更不会把别人视为自己利益的绊脚石。他懂得包容别人、与人合作，同时还把帮助他人作为一种快乐。

据报道，某学校发生了火灾。在熊熊烈火中，一位女教师一直在组织学生撤离，最后她却被毒烟熏倒在地。在倒地的瞬间，她还没有忘记用自己的身体保护着两个没有撤离的孩子。

在被营救时，她的头已经被烧得只剩下了骨头，可她身下的两个孩子还有一个仍旧活着。这种大无畏的精神，让现场的每一个人都无比动容。

死去孩子的家长看到这个场景，深情地说："在学校，把孩子交给您，我放心；在天堂，我的孩子跟您走了，我仍然放心。"

试想，如果这位女教师只有保全自己的私心，她能够做出如此的壮举吗？绝对不会。

人所能得到的最大幸福、最自由快乐的心境，莫过于无私的奉献。尽管无私并非都要舍弃生命去换取，但是，如果平时自己的心中没有无私、关爱他人的情怀，即便大难临头，也无法表现出来。

尽管在这个世界上每个人都会有自己的需求，每个人都想让自己的日子更舒适一些，但是绝不能让自己变为一个十足的利己主义者，那样等于自我贬低人格。

只有境界高远、胸中装有他人和社会的人，才是一个高尚的人。

Part 5：

选择要懂得适可而止：
十字路口，不要总是优柔寡断

1. 时间就像列车，不会等待任何人

迟疑有时会成为一种习惯，做一件事迟疑，对待其他事物也会习惯性地多想想、多等等。迟疑的人总是有重重顾虑，这些顾虑，也不过是他们为自己不能下定决心找的借口。

记得我小时候，有一次去姥姥家，在家门口的树下捡到了一只翅膀受伤的小鸟。小鸟有着嫩黄的羽毛，滴溜溜的黑眼睛，十

分可爱。

我想要把小鸟带回家里，可是，想到姥姥并不是很喜欢小动物，只好把小鸟用捡到的报纸裹起来放在家门口。走进屋子里，过了很久，我才鼓足勇气，吞吞吐吐地说出了自己的请求。

"虽然我不喜欢小动物，但你的爱心值得鼓励，把小鸟拿进来吧，我们为它准备一个软一些的窝让它养病。"姥姥说。

我听到姥姥同意了，高兴得跳了起来，急忙跑出家门。

没想到，一只野猫正叼着那只小鸟快速地蹿到房顶，在我痛苦的叫喊声中，野猫消失在我的视线中。

在和姥姥说明缘由之前，我因自己的迟疑一次次浪费了时间，而当我获得姥姥许可的时候，小鸟已经被野猫叼走了。

就在这短短的时间里，一件原本快乐的事，变成了我好几年心中无法弥补的悲伤。

有时候命运就是这么喜欢开玩笑，我们与幸福之间常常就差几秒钟，一旦错过，就是几天、几个月，甚至长达几年、几十年的遗憾。人生的常态就是这样，迟疑会让人错过很多事，留下很多遗憾。

《哈姆雷特》是英国剧作家莎士比亚的著名作品，主人公哈姆雷特是一个想要报杀父之仇的王子，但是，他在有机会报仇的时候，却一次次迟疑，一次次犹豫，最后反遭奸人的杀害。

不要让迟疑成为一种习惯。

一位珠宝商人去世后，灵魂升到天堂，他发现天堂的入口很狭窄，他前面有长长的队伍。

商人灵机一动，在队伍末尾大喊一声："各位，地狱里发现了金矿，你们不去看看吗？"刚说完，在前面排队的人全都转过身，飞一样地向地狱跑去。

商人走到天堂门口，突然有些踌躇，为什么去了地狱的人都没回来？难道地狱里真的发现了金矿？

这时，看门的天使不耐烦地问商人："你到底进不进去？"商人迟疑地说："我还是先去地狱看看再说。"正当商人转过身时，天堂大门"砰"的一声关上了，再也没有向他打开。

因为迟疑，商人永远失去了天堂。

商人原本抱定了"第一个进入天堂大门"的主意，当他看到所有人都去了地狱时，又觉得地狱也许有什么好处，开始怀疑自己最初的判断。

这种拿不定主意的态度，就是人们常说的优柔寡断。

哲学家培根说："优柔寡断是一种可悲的心理。"面对选择，我们需要取舍，取舍是一个痛苦的过程，想要得到一些东西，就要放弃另一些。世界上没有那么多两全其美，一味左顾右盼，只会两手空空，就像古语所说："同时追两只兔子，一只也得不到。"

优柔寡断的深层原因，在于人对自己的不自信。

当一件事需要立刻去做的时候，优柔寡断的人会怀疑自己的能力，怀疑自己是否能够完成这件事。拿定主意后，他们又怀疑自己的判断，总担心自己是不是想错了。比如在考场上，总有一些人想知道别人的答案是什么。

其实，人生就是给自己的答卷，看别人的答案有什么用呢？何况，一旦养成了从众心理，就会因为懒于思考而渐渐失去自己的分析能力，因为盲从别人而失去自己的判断能力。

时间就像列车，它有自己的时刻表，只会按时出发按时到达，不会等待任何人，所以，它经不起任何迟疑。

不论何时，优柔寡断都是在谋杀获得幸福的机会。

2. 由于舍不得，选择才会异常痛苦

"当断不断，必受其乱"，生活中的压力多的是，如果你选择将所有的压力都扛起来，那么你一定会被压趴下。在一定的时候就要懂得舍弃，有舍就有得，只有你懂得舍弃，才能走出人生中的迷宫，重新站在生活的舞台上。

人人都知道老鹰是世界上最长寿的鸟类。

但当老鹰到了四十岁的时候，它的爪子开始变钝，进而不能抓住猎物；这时它的喙也会长得又长又弯，最后导致嘴无法张开；它的翅膀变得十分沉重，导致不能很好的飞翔。有一部分老鹰就会死在这个年纪，只有少数可以活到七十岁的高龄。

能活到这样的高龄，是因为那些老鹰闯过了一段痛苦的过程。

在悬崖上筑巢的老鹰，不能飞翔，只好停留在那里。它要忍着饥饿和疼痛的折磨，它用喙击打岩石，直到完全脱落。之后静静地等候新的喙长出来。

然后会用新长出的喙把指甲一根一根地拔出来，当新的指甲长出来后，它便把羽毛一根一根地拔掉。五个月以后，老鹰得以再生，重新鹰击长空，潇潇洒洒度过后来三十年的岁月。

想要让我们的生命开始一个崭新的历程，就要适时地做出牺牲和放弃。

其实，我们的生活也是如此。各种各样的困难和挫折，会如

尘土一般落到我们的头上，进而凝结成不断增大的压力，压弯我们的身躯。要想从这充满压力的枯井里脱身逃出来，办法只有一个，那就是：将它们统统都抖搂在地，然后重重地踩在脚下。

因为生活中，我们遇到的每一个困难、每一次失败，都可以将它看做人生历程中的垫脚石，踩着这些垫脚石，我们就可以逃脱那些压力的围攻，走向人生的更高点。

人生之中，之所以很难抉择得到与舍弃的价值，正在于他们本身并没有什么明显的界限，两者相伴相生。在某一个时刻，面对某一种机缘，总会因为一念之差，有舍有得。

人生的所谓最高境界，无法单纯地归纳为得到世上一切抑或是舍弃，而是在恰当的际遇追求值得追求的，舍弃本不属于自己的。

人活着，就会有许多的责任和欲望，这些东西背在身上，就会形成一种压力。要是拿掉了，人生又会变得轻飘，无意义。这样我们就要学会舍弃，不要让太重的负担将我们压垮。

人正因为不懂得舍弃，不愿放手去清扫自己，才会有纠结无解的痛苦，甚至陷于深深的而又无法自拔的困境中。当能懂得舍弃和清扫自己的智慧时，才会豁然开朗，生命就会马上向你展现出另外一个截然不同的景致。

有这样一句话：当你握紧双手，里面什么也没有；当你打开双手，世界就在你手中。

很多时候我们应该懂得舍弃，生活中鱼和熊掌都能兼得的情况毕竟是少数，每一次的舍弃是为了下一次得到更好的回报。

紧握双手，肯定是什么也得不到；打开双手，至少还有希望。

舍弃就好像是我们心灵的健身教练，一个人在健身教练的指导下，他的健身效果才会更显著。同样，一颗心灵在舍弃的洗涤下，才能更加纯洁明亮。

与其说生活的压力大，倒不如说是我们心灵的压力大。正是因为我们不愿意将自己心灵上的一些赘物舍弃，所以才难以负荷生活的重量。

舍弃是一种超脱，是一种气度，更是一种升华、一种境界。舍弃需要勇气，但是千万不要把舍弃作为不努力的一种借口。

相信很多人都听过这样一个故事：一个小男孩家里很穷，迫于生计，他只得上街乞讨。好心人同时给小男孩 1 美元和 10 美元，让他选择拿哪一个。小男孩只拿了 1 美元，不拿那 10 美元。

起初大家以为小男孩心地善良，不好意思拿人家更多的钱。后来又有人故意这样让小男孩选择，小男孩还是只拿 1 美元。

于是，这个有点傻里傻气的小男孩的名声就传出去了。

有越来越多的人因为好奇而纷纷拿 1 美元和 10 美元让小男孩选择，小男孩自始至终都只拿 1 美元。甚至有人竟然一口气拿了 10 次 1 美元和 10 美元让小男孩选择，小男孩还是选择了 10 次 1 美元。

后来，家里人也觉得奇怪，问小男孩："你到底为什么只拿人家 1 美元，而不拿人家 10 美元呢？"

小男孩说："我要拿人家 10 美元的话，我就跟其他乞丐一样了，人家也就不会故意拿钱来给我选择了。"

男孩虽小，心计可大，他是把握住人们的好奇心，把乞丐做出"个性"，做出"品牌"来，故意以这样的方式吸引大家拿钱来让他选择。

小男孩不是傻瓜而是聪明，他为了一个长期源源不断的 1 美元利益，而放弃了偶尔的短期的 10 美元收益。这就是所谓的放长线，钓大鱼。

很多时候，懂得舍得，才可以取得人生的成功。

人在旅途，我们经常要做出舍与得的选择。站在选择的十字路口，我们往往只看到了眼前的利益，而忽视了事物本来存在的长远价值，于是该舍的不舍，该得的也没有得到。

要晓得，翅膀上系着黄金的鸟儿是飞不起来的，背负着重担的生活不会快乐，承受着压力的心灵不会健康，而懂得舍弃就是我们为自己的心灵寻找的健身教练。

3. 选择了正确的方向，人生将不再迷茫

现实生活中，很少有人真正知道自己要去哪儿，更多的人是一些朦朦胧胧的期盼。

当我们的事业一帆风顺时，突然到来的失败令我们束手无措；当我们屡战屡败时，偶然的一次成功又让我们兴奋得不知所措。很多时候，我们就是这样的矛盾和幼稚，于是我们的情绪随着经历的事情起起落落。

如果有方向，我们就有决心、有热情做好眼下的事情，也才能达到"衣带渐宽终不悔，为伊消得人憔悴"的境界。一个人力量的源泉来自于自己想要什么，有什么样的需求。所以，明确的方向才是行动的指南，也是一个人成就事业的根本保障。

没有目标的人生，如同在大海中没有罗盘的航船，找不到灯

塔的指引，只能随着海浪随波逐流。

目标，是一切行动的前提。

事业有成，是目标的赠予。确立了有价值的目标，才能较好地分配好自己的时间和精力，较准确地寻觅突破口，找到聚光的"焦点"，专心致志地向既定方向猛打猛冲。

著名女音乐家艾伦，在谈起音乐作为她的目标时是那样一往情深："音乐与我的心结合在一起，它是从我的心里流出来的，是我的肺腑之言……当我把音乐做好，我就得到了最大的满足。这是我生活的目标，没有任何事情可以超过它，也没有任何事情能够让我这样投入。哪怕我走得再艰辛，我也不会放弃！"

由此我们可以看出，目标能够唤醒人的活力，调动人的积极性，塑造人坚忍不拔的性格。

选择目标要避免犯两种错误，一种是不切实际的幻想，一种是画地为牢，不敢去想。

人生目标的实现，需要结合自身的实际情况做出清醒的选择，不切实际的幻想看起来总是令人着迷，如果穷尽一生时间，来追求一个不可能的梦想则无异于水中捞月。

但是，既然我们把目标称作梦想，那就不要把自己禁锢在有限的圈子里，犯画地为牢的错误。就像历史上伟大的成就往往在开始时，人们总是给出这样的评论："这是绝对做不成的！"

一位名叫莱特的主教，有一次跟他的朋友一起吃晚饭。席间，主教认为耶稣很快会再度降临，原因是一切事情的本质都已被发现出来，而所有可能的发明都已经发明出来。

他的朋友不同意，他认为在未来 50 年中会有许多意想不到的发明，人类会飞上天去。

"胡说八道！"莱特主教说，"只有天使可以飞。"

这位主教有两个儿子，这时也许你已经猜出，他们就是日后有名的莱特兄弟，是他们将其父亲所认为的不可能变成了现实。

目标能使人不沉湎于现状，设定明确的目标，是所有成就的出发点。百分之九十八的人之所以失败，原因就在于他们从来都没有设定自己明确的目标。

所以，在行动之前，你应该先弄清自己的目标、自己的方向。

确立了明确的目标之后，我们就不会在没有到达要去的地方之前停下脚步，我们就不会迷茫，就不用再去思考自己到底要去哪里，就不会像钓鱼的猫咪那样，蜻蜓来了要捉蜻蜓，蝴蝶来了要捉蝴蝶。

4. 双手插在口袋里，永远无法攀爬梯子

子贡问孔子如何才能成为君子。孔子答道："先做后说，事情完成之后再说。"

南怀瑾先生对此很有感慨："人类的心理都是一样的，多半爱吹牛，很少见诸于事实；理想非常高，要在行动上做出来就很难。"

光说不做，这种人生是很可悲的。

"只想不做的人只能生产思想垃圾。"著名的成功学家布莱克说，"成功是一把梯子，双手插在口袋里的人是爬不上去的。"

有一次看到这样一个故事：有个博览群书的教授与一个目不

识丁的文盲相邻而居。虽然两人社会地位和家庭背景不同，但两人的目标是一致的，那就是要成为富人。

教授每天都跷着二郎腿大谈特谈他那关于致富的想法，文盲在旁边认认真真地听着，他对教授的学识与智慧十分敬佩，并且按照教授所说的致富设想开始干起来。

十几年过去了，当初那个潜心听课的文盲成了一个百万富翁，而侃侃而谈的教授却还在空谈他的致富理论。

思想很重要，但如果光有思想而不行动也是不行的，我们的本性不是消极等待，而是积极行动。

著名作家克雷洛夫说过："现实是此岸，理想是彼岸，中间隔着湍急的河流，行动则是架在川上的桥梁。"

人人都有理想，人对生活的热情就是因理想而增加的，当我们面对考验的时候，理想会让我们去勇敢地面对。我们应当把理想当做基础，然后再加以行动，否则，任何美好的理想都是空谈。

在网上看到过这样一个故事：有个贫困潦倒的中年人，隔三岔五地到教堂祈祷，而且他每次的祷告词几乎都是一样的："上帝啊，请您让我中一回彩票吧！"

没过几天，中年人又垂头丧气地来到教堂，仍然跪着祈祷："上帝啊，为什么不让我中一回彩票呢？我愿意更谦卑地来服侍你！"

又过了几天，中年人再次来到教堂重复这些祈祷词……最后，当他再次祈祷时，得到了上帝的回应："你的祷告我听到了，你得先买彩票我才能让你中啊！"

虽然这个故事有些可笑，但我们不得不反思，生活中这样只想不做的人还是占多数。这些人终日沉溺于成功的幻想之中，整日幻想而不付诸行动，哪里会获得成功。

当你在面对某个问题时，往往会有许多不同的选择，如果你总是犹豫不决，那就必定会造成时间的浪费，甚至错过绝佳的机会。如果你及时采取行动，你会发现做出决定和实施都会变得那样简单。

生活就像骑单车，不能保持前行，就只会得到翻倒在地的结果，所以，工作时绝对不能把"踩车"的脚停下来。

做任何事情都要讲求实效，行动第一，绝不拖延，有了目标后就立马去做。

心动不如行动，不去做就永远没有实现的可能。勇敢地迈出第一步，你的成功概率就会大大提高。

5. 那些舍不得的珍贵，迟早都得放下

一位名人曾说过："这世界上有八成的人太彷徨、太犹豫、太懒惰，但有两成的人活得太努力，太努力也是会彷徨的。但是，你还是得努力，到最后，再来放弃你的努力。"

比如，一个女人在 20 几岁时可以无所顾忌地跳槽，可能是因为她还没有自己的人生定位；而一个 30 几岁的女人选择放弃已经获得的成功，重新开始新的事业与生活，那必定要有坚忍不拔的勇气与毅力。

2000 年，于蓝从大学的法律专业毕业，这一年的就业政策是，分配回来的学生都要到企业锻炼一年。就这样，她到了一家工厂做起了钳工。

那时的她坚信，改变命运的方法就是考律师。

最终，她拿到了律师资格证书，也因此顺理成章地成为一名律师。

在从事律师近三年后，她遇到一位来自香港的老板，其人格魅力对她的性格产生了潜移默化的影响。更重要的是，这位老板给了她一个舞台去充分施展，于蓝从此又成了一名销售人员。

其中的得失可谓一目了然。但是，于蓝完全适应了新的挑战。在销售工作中，她最大的感受就是：既然改变不了客户，就只有不断地提升自己。

五年后，她获得了人生的第一桶金：能力的积累、经验的积累、人际关系的积累，以及一些原始资金的积累。

不仅如此，她在做销售工作期间，公司发展迅速，公司的培训总是跟不上。因此，每次到总公司培训完之后，回到自己的岗位，她又会照葫芦画瓢地做公司内部的培训。

于是，她将自己培训时听来的知识和自己实际中遇到的问题结合起来，再用自己的语言讲述出来。

她发现每次讲完之后，反响非常好，大家改变也很大，之后的业绩也蒸蒸日上。因为她讲的完全是从实践中得到的经验。

慢慢地，她发现自己在讲台上非常有感觉，那种状态就是：无论心情好坏，身体是否舒服，只要一站在讲台上，就会特别投入，感觉也特别好。

就这样，她放弃了从事五年的销售工作，选择做了一名专业的培训师。

其实，在面对每一次选择和放弃之际，她的内心一定不平静，肯定经历了权衡得失平衡的痛苦。

所幸的是，她承受住了因失去一些东西而带来的痛苦，才有了在未来领域中获得更大成功的可能性。

尽管如此，大多数人还是不肯放弃——为一个放弃了也不会损失什么的工作而纠结；为一个不爱你的人而痛不欲生；甚至舍不得放弃自己的惆怅和忧郁。

也许他们在思考：什么该放弃，什么不该放弃呢？殊不知，为了那些不能放弃的东西，人们却放弃了生命中最重要的事情。

诸如工作狂的父亲为了成就感与责任感，放弃孩子们的童年；女人为了爱情而放弃了自己生命可能挖掘的深度；恋人们为一时的斤斤计较和面子之争放弃了爱情……

无可选择的人生是无奈的，而无从选择的人生则是可悲的。虽然失去是痛的，但是人生不就是在经历一阵阵痛后才逐渐圆满的吗？

因此，必须明白这样一个道理：选择和放弃是单项选择题，只有 A 和 B，没有 AB。

当然，这样一个浅显的道理，却会给每个站在"是选择，还是放弃"关口的人平添了很多困惑：选择越多，失去也越多，后悔也越多，痛苦也越多——就像泰伦斯所描绘的"我周围都是洞，到处都在不断地流失"的状态。

关于这一点，诺贝尔经济学奖得主丹尼尔·卡尼曼经过研究给出了解释：失去 100 元钱带来的痛苦，远远大于得到 100 元钱带来的满足。

可见，得到某些东西的希望，根本无法安慰和抚平可能失去什么的不安。

好吧！从此刻开始，收拾好心情，自信地向前。错过花，你将收获蝶；错过他，你才会遇到真命天子。也只有继续走，你才能收获更多的幸福。

一个人的快乐，并非由他拥有的多少决定，而是由他计较的多少决定的。拥有得多，是负担，事实上是另一种失去；拥有得少，并非不够，而是另一种富余。

舍弃也不一定是失去，而是另一种拥有的方式。

6. 面对暗示的交叉口，你的方向在何方

自我暗示分为消极和积极两种。站在暗示的十字路口，面对这两条通往不同的暗示之路，人们会选择向左走，消极对待？还是向右走，积极对面？

每个人的选择可能会不同，因此造成的结果也不相同。

不同的自我暗示会导致不同的人生走向。

例如，当你早晨对着镜子洗漱装扮时，假如看见自己脸色苍白、双眼肿胀，觉得自己的肾脏也许出问题了，所以就会觉得腰酸背痛，这是一种消极的暗示；假如看见自己脸色红润、富于朝气，就会觉得心情舒畅，这则是一种积极的暗示。

美国心理学家特力夏·诺丽丝认为，人体的免疫系统可以抵御疾病。如果想让免疫系统将它们的作用发挥到极致，就应给病人树立战胜疾病的强大信心，并加以心理上的引导。

她用想象疗法为癌症患者进行治疗，疗效显著。

美国耶鲁医科大学的一位教授，从事癌症临床手术长达24

年之久。

通过长期的临床观察，他发现，那些明知患了绝症而仍然积极乐观的人，病情发展得相对缓慢一些，治疗的效果也比较好。与之相反，那些患了癌症之后悲观厌世的人，病情则恶化得很快。

由此他得出，病人的心理状态和精神面貌会因为想象疗法而发生改变，让人们从心灵深处拒绝癌细胞的生长，从而实现在身体里抵制癌细胞生长的目的。

1976年，美国著名作家柯贝尔患了直肠癌，癌细胞已经扩散到了肝脏，他采用了专家西蒙提出的想象疗法。

他在西蒙的录音引导下，想象着自己身体里的癌细胞尽管面目狰狞可怕，却是一些不堪一击的东西；想象自己身体里吞食病菌的白血球十分强盛，把癌细胞打得落荒而逃；想象身体里所有的癌细胞都从皮肤的毛细孔中流走了……

仅仅过了四天，他去医院接受切除手术。

医生打开他的腹部，惊奇地看到他的肝脏居然恢复正常了。医生只切除了他的直肠，他不久就恢复了健康。

由此可见，积极的心理暗示，可以在一定程度上给那些生病的人带来身体上的康复。除了具有这种神奇的功效外，自我暗示还会影响着一个人的命运。

人们经常说："所有财富，所有成就，都始于一个意念。"这里所说的意念即自我暗示。

我们每个人有怎样的心理暗示，就因为这个意识而决定了自己的行为和选择，每个人的强与弱、是富是贫都和暗示有着密不可分的关联。

之所以我们强调给予自己一些积极的心理暗示，这样做的目的就是帮助自己树立积极的自我意识，进而引导做出正确的选择和积极的行动。

约翰是美国一个黑人小孩，由于家境贫困，他从5岁开始就帮着父母干活。

小约翰有一位与众不同的妈妈，她经常和儿子谈论她的梦想："约翰，我们不应该如此贫穷，这不是上帝的旨意。我们之所以贫穷，是因为你爸爸从来没有想过发财致富，我们家庭里的任何人都没有产生过改变命运的想法。"

妈妈的话在约翰的心灵深处留下了深深的烙印，以致改变了他的人生。

长大后，约翰在一家肥皂公司当推销员，整整推销了12年肥皂。后来他听说公司要出售，售价15万美元。他当时只积攒了2.5万美元，虽然很悬殊，但是他坚决要购买。

双方协商，他先交2.5万美元作为保证金，如果余款没有在10天之内交齐，他就会失去保证金。

这时，约翰已经把自己逼上绝路，但他感到的不是绝望，而是成功的兴奋。是什么使他敢于如此冒险呢？是妈妈教给他的那个致富念头。

于是，他四处找人借钱，到了第九天，还差1万美元。这是成败在此一举的关键时刻，怎么办呢？

约翰找遍了所有认识的人，毫无收获。他发愁了，但是，他没有绝望，在深夜再次走上街头。

成功之后，约翰回忆说："那时已是很晚，我出门时祈祷过，祈求上帝引导我碰到一个能及时借钱给我的人。我驱车走遍大街，直到在一幢商业大楼看到一束灯光……"

约翰走进那幢商业楼，看到一个在加班的先生。

为了能顺利履行那份购买协议，约翰开门见山地问："先生，你想赚到 1000 美元吗？"

"当然想啊……"那位先生听到这话反而不知所措。

"那么，开一张 1 万美元的支票给我，当我还回这笔借款时，我将支付给你 1000 美元的利息。"约翰考虑到对方不会轻易相信他，就把其他借款人的名单给对方看了看，并且详细地解释了这次商业购买的情况，从而博得了对方的信任。

如此一来，约翰在紧要关头筹集到了 1 万美元，成功地买下了那家肥皂公司。他努力经营，最后果然变成了巨富。

每当人们问他成功的秘籍时，他就用妈妈的话作为回答。

妈妈对约翰的启发和鼓励，就是积极的人际暗示，从而帮助他形成了心理上积极的自我暗示。

约翰正是因为坚持了积极的心理暗示，把自己的渴望、梦想、价值观念、奋斗目标深深地烙在了潜意识里，并主动果断地采取行动、付出代价，朝着自己期望的目标一步步前行。

显而易见，上帝和客观因素无法决定人们的命运，决定人们命运的往往是自己的心理态度。

7. 当生活只有一种选择，内心最平静快乐

一位哲学家说：当生活中有一种选择的时候，我们的内心是平静而快乐的。但是可供选择的事物一旦多了起来，生活便多了

许多烦恼。

这些烦恼，主要源于人们在众多选择面前患得患失的犹豫心理。

关于此，国学大师季羡林说过："生活应该简单些好，面对的选择越多，就越让人痛苦。所以，在做事情的时候，要追求单一的目标，这样才能将精力放在当下，从容地前行！"

他是在告诉我们，在生活中，无论做什么事情，只有追求单一的目标，才能使自己更专注于当下，才能使自己少些选择的痛苦和烦恼。

有这样一则故事：森林中生活着一群猴子，每天当太阳升起时，它们会从洞中爬出来外出觅食。当太阳落山时，它们又自觉地回洞中休息，日子过得极为平静和快乐。

一名旅客在游玩的过程中，不小心将手表丢在了森林中，被猴子童童在外出觅食的过程中捡到了。

聪明的童童很快就搞清楚了手表的用途，于是，它就自然地掌控了整个猴群的作息时间。不久后，它凭借自己在猴群中的威信，成为猴王。

童童意识到，是这只手表给自己带来了机遇和好运，于是每天就利用大部分的时间在森林中寻找，希望可以得到更多的手表。功夫不负有心人，童童终于又找到了第二块手表，乃至第三块。

但出乎童童意料的是，当得到了三块手表时，反而给它带来了麻烦和痛苦。因为每块手表显示的时间不尽相同，童童根本不能确定哪块手表上显示的时间是正确的。

猴子们也发现，每次来问时间的时候，童童总是支支吾吾回答不上来。

一段时间后，童童在猴群中的威望大大下降，整个猴群的作息时间也变得一塌糊涂，大家愤怒地将童童推下了猴王的位置……

拥有一块手表，可以明确地知道时间，而得到了两块甚至更多块的手表，却能使自己迷失时间，给自己带来无尽的烦恼和痛苦。由此我们可以说，得到得越多，痛苦和烦恼就会越多。

我们要想过一种幸福而快乐的生活，学会去繁就简，将生活简单化，这样才不至于使自己在众多的选择面前无所适从。

哲学家说：因为人的欲求不止，所以，生命是一个不断作茧自缚的过程。同样，行为心理学家也指出：与其说人的行为是受一定的原因支配，不如说它更受人生的一系列目标支配。

在达成目标的过程中，人总要面对各种各样的选择，不同的选择，达到的目标结果也不尽相同，人生也有可能会由选择而发生变化。所以，为了使目标结果更为完美，在选择的过程中，人们必然会仔细斟酌，细心掂量。

为此，烦恼就产生了，混乱的生活状态也就开始了。

我们要想从这种混乱、痛苦的状态之中走出来，就要勇于舍弃，使生活归于简单。舍弃那些扰乱我们心智的"更多选择"，过一种简单的生活。

有一个诗人，为了追求心灵的满足，他不断地从一个地方辗转到另一个地方。他的一生都是在路上、在各种交通工具和旅馆中度过。

当然，这并不是说他自己没有能力为自己买一座房子，这只是他选择的生存方式。

后来，由于诗人年纪大了，有关部门鉴于他为文化艺术所做的贡献，就给他免费提供一所住宅，但是他拒绝了。理由是他不愿意让自己的生活有太多的"选择"，他不愿意为外在的房子、物质等耗费精力。

就这样，这位独行的诗人，在不停的旅途中度过了自己的一生。

诗人死后，朋友在为其整理遗物时发现，他一生的物质财富就是一个简单的行囊，行囊里是供写作用的纸笔和简单的衣物；而在精神方面，他给世人留下了十卷极为优美的诗歌和随笔作品。

这位诗人正是勇于舍弃了外在的物质享受，选择了一种简约的生活方式，最终才丰富了精神生活，为人类做出了巨大的贡献。

他的人生是一种去繁就简的人生，没有太多不必要的干扰，没有太多欲望的压力，是一种快乐而又纯粹的人生。

正如尼采所说：如果你是幸运的，你只需选择一个目标，不要贪多，这样你会活得快乐些。

正如一台电脑一样，在其系统中安装的应用软件越多，电脑运行的速度就越慢，并且在电脑运行的过程中，还会有大量的垃圾文件、错误信息不断产生，若不及时清理掉，不仅会影响电脑的运行速度，还会造成死机甚至整个系统的瘫痪。

所以，必须定期地删除多余的软件，及时清理掉那些无用的垃圾文件，这样才能保证电脑正常地工作运行。

Part 6：

缘分要懂得适可而止：

如果不再相爱，就请松开你的双手

1. 为爱情画布留一些空白

人们给婚姻下了这样一个定义：婚姻是爱情的坟墓。简而言之，就是婚姻让爱情变淡、变质甚至变死。

其实，爱情之火的熄灭并不是以结婚作为界限，而是相爱的两个人在一起久了，大多都会产生矛盾，先前的热情会随之消退，渐渐地转化成一种类似亲情的习惯。

这样的状况不仅在夫妻间常常出现，就是在情侣间也经常发生。

时间可以让两个陌生人从认识到相知，再到相爱。同样，也可以让两个相爱的人从默契到疏远，再到离弃。人不可能永远保持初见时的新鲜感，当在一起久了，难免会腻、会倦、会累。

人们常说：距离产生美。相爱的两人如果能各自保留一定的距离和空间，如此经营、维系的爱情会更长久。

在一次画展中，一位男子若有所思地端详着一幅画，十分不解地问妻子："为什么画上面只画了一根树枝和一只鸟？"

妻子微笑着说："画家没有把画布填满，这样鸟儿才有飞翔的空间啊！"

是啊，其实我们每个人就如同这只鸟一样，一定要有自己的空间才能够展翅飞翔。

如果爱情衍生成为一种束缚，幸福就会被排挤得越来越少，剩下的只是时间积压下的怨恨，连爱也变成了一种负担。

相反，如果给爱留些美丽的距离，我们才能用欣赏的角度去爱一个人，连对方的缺点也会演变成迷人的风景。

因为距离，会让相爱的人懂得张弛有度，懂得尊敬与宽容，而这两者又正是爱情长久的前提。

爱情就如同倒茶，我们拿大茶杯往小茶杯里倒，如果紧贴着杯口，茶水就会顺着杯壁流出来，洒到桌上。

可是，如果我们适当地把大茶杯拉开一些距离，让茶水飞落小杯中，茶水就不会洒出来了。同样的道理，美好的爱情，需要拉开一些适当的距离，这样才不会让爱流失。

但如果把握不好距离的度，反而会弄巧成拙。

感情的距离拉得太长，会让原本相爱的人变得疏远，产生隔阂。也许，一开始彼此还可以保持热情，时间长了，就会发现彼此正朝着相反的方向远离，连共同语言都没了，这样爱情也就慢慢走向了尽头。

这里所说的距离，不只是现实中远近的距离，即便是天天见面的情侣，在心理上也存在一定的距离。现实生活中，相隔两地而分离的情侣，因心理上产生差异而导致分手的也不少。

那我们该如何保持这个度呢？

彼此之间一定要在互相信任的前提下保持距离，因为爱情一旦失去信任，就像被蚂蚁侵蚀的堤坝，瞬间土崩瓦解。

当你用心去相信一个人时，无论相隔多远的距离，都不会成为爱情的阻碍。相反，如果本身就对爱情持怀疑态度，总是不信任对方，即使对方就在你面前，即使事实就摆在你面前，两人之间的芥蒂也无法消除。

双方的距离要有回旋的余地，有一条可以进退自如的伸缩线，知道什么时候该给对方一些空间，也清楚什么时候该拉近对方的心，给他（她）一丝温暖。

心灵是自由的，但爱是不会消减的，如此张弛有度的爱情，必将经久不衰！

给感情留点空白，才有空间在上面添上更美的图画。

就像那些离婚的人，还是有很多复婚的情况发生。难道真的只是为了孩子才有个完满的家庭吗？如果真是这样，当初便不会分开了。

其实，最关键的是分开后有了冷静反思的时间，才会渐渐回忆起那些曾经的美好，发现双方的感情并不是完全破裂，只是因为相处时间久了有些疲惫，产生了一些不必要的误会。

彼此深爱的两个人，在面对不可避免的矛盾时，不如双方都冷静下来，给爱留些美丽的空间与时间，利用这段空白去认真思考未来与反省自己。真正相爱的人，会因为这样的距离而把彼此的心拉得更近。

如果爱情只是个美丽的误会，距离也会帮双方擦去这个错误，让双方以平和的心态去寻找真正属于自己的幸福。

给爱留些美丽的距离，就如同隔雾看花、隔河看山，看到的风景往往妙不可言，别有一番风味。

2. 幸福没有规则，大小全在自我

每天我们似乎都在和幸福打交道，似乎都是在围绕着幸福打转。那什么是幸福呢？

当我们的心理欲望得到现实情况的满足，内心所感受到的生活当中隐藏着丰富的乐趣，并希望这种乐趣能够长期存在的一种愉悦心情，这就是对幸福的定义。

幸福是不规则的，它从来都是可大可小，可圆可缺。

一个人对待幸福的感受可能轻重不一，那是因为这些人对待幸福的态度也不一样。有的人在幸福身上索求得太多，当他们期望的和实际得到的不一样时，即便幸福给予他，但是欲望得不到满足的这些人，依旧不会觉得幸福。

那些天天感叹自己不如人家幸福的人，从不会看看自己现在拥有的，只是一味盲目地看着别人拥有而自己未曾得到的东西。

有一部分人太过于乐观，他们觉得现在自己拥有的幸福就是永恒的，所以这一类人往往对幸福的追逐和向往就会逐渐递减，直到最后这些幸福感一点点地消失了。

很久以前，有一个人生前有着一副好心肠，为人善良又乐于助人。所以在他去世后，升上天堂，当了天使，这个人还是希望能帮助到其他无助的人。

有一天，天使降落到人间，在路上他遇见一个农夫。

农夫看起来非常烦恼，他满脸忧愁地对天使说："我家的水牛死了，没有了它我怎么耕田呢？我们一家人的生计都指望那块田呢。"

天使听了之后，赐给他一头健壮的水牛。农夫非常高兴，天使看着农夫兴高采烈的样子，也感觉到了幸福。

又一天，天使遇到一个男人。

男人愁云惨淡地跟天使说："我的钱被骗光了，我没有钱回我的家乡，我看不到我那刚刚出生的孩子了。"

于是，善良的天使赐给了这个男人一些钱。男人破涕为笑，天使又在他身上感受到了幸福。

后来有一天，天使遇到一位诗人。天使看他不仅年轻而且极具才华，生活也过得非常富裕，他的妻子温柔贤惠，但诗人还是一副失意的样子。

天使就问他："为什么你会感到不幸福呢？"

诗人摇摇头对天使说："你看我现在什么都有了，但我感觉还是缺一样东西，你可以给我吗？"

天使点点头。诗人说："我要的是幸福。"天使点头答应："好的，我知道了。"

于是天使将诗人现在所拥有的都拿走了，包括他的才华、年轻和财产，当然还有他温柔的妻子。

半年后，当天使再次回到诗人的身边，诗人已经奄奄一息，他没有食物，没有像样的衣服，十分狼狈。

于是，天使又把他之前拥有的一切还给他，然后离去了。

后来等天使再去看诗人的时候，诗人坐在自己的花园里，喝着茶，和妻子正聊着天，幸福感不言而喻。

很多人都和这位诗人一样，拥有的幸福不去好好体会，只是羡慕别人拥有的东西。

现实生活中，太多的人因为各种各样的压力开始变得麻木不仁，开始对自己的幸福感模糊不清，总是抱怨着自己的生活压力有多大，自己的工作多么不如意，习惯了每天面无表情地行走……这些人的心已经丢失了一样东西，那就是幸福。

幸福不单单是要把握，你即便是把握了也要去珍惜它。珍惜它最好的方法，不是从此止步不前，你要给自己拥有的幸福更多存在的条件。

要知道，我们现在获得的幸福感都只是暂时性的，它不可能一直这样守候在我们身边。就像我们不想拥有的不幸一样，随着时间的流逝，那些幸福感和不幸的感觉都会慢慢一点一点地消失殆尽。

如果你想要一直拥有这样的一份幸福，一直拥有现在的幸福带给你的一切快乐，你就要不断地去创造幸福再次光临的条件，这样幸福才会再一次地眷顾你。

3. 相爱无论长短，都请温柔地对待

世界上有那么多人，偏偏他（她）与你相遇。相遇的人那么多，真正爱你的人却是寥寥几个。从陌生到相识，到相知，这是一种多么奇妙的缘分啊！父母的爱、夫妻的爱、朋友的爱，因为有了这些爱，生活才变得如此温馨。

如果一个人失去了这些爱，人生就像一盘没有放调料的菜，即使表面上看起来光鲜亮丽，实际上却是索然无味。爱是需要付出与维系的，而爱的最大强敌就是"伤害"——爱是世界上最伟大、最坚强的情感，但是面对伤害，爱就变得越来越敏感、越来越脆弱。

越是爱得深，越是伤得深。往往那些最深的恨都是由最深的爱演化而来，而那些本就不存在什么爱的人，即便是伤害，在内心也不会划出深深的伤口。

这是因为，越是爱得深，就会越是在乎，在乎他的喜，在乎他的忧，在乎他的欢笑，在乎他的悲伤，在乎他的每一句话，所以也在乎他带来的伤害。即便有些伤害是无意的，但那些伤害也会像钉子一样扎在对方的心上拔不出来。

我的朋友阿七同时喜欢上两个女孩，一个温顺美丽，一个可爱大方，他甚至不知道自己喜欢谁多一点，只觉得自己离不开任何一人。于是，他周旋在两个女孩之间，几个月下来竟没有露出任何破绽。

他沉浸在两个女孩的爱情里，我们很多朋友都劝告过他，但

他置之不理。

他也知道，如果两个都爱，一旦谎言被拆穿，可能两个都会失去。可即便是这样，他还是无法做出理智的选择——同样都是那么优秀的女孩，一个像右手，一个像左手，失去谁都会心痛不已。

事情最终还是败露了，两个女孩没想到自己深爱的男人竟然是如此卑鄙、可恶之人。无论阿七如何解释、如何恳求，她们还是决绝地离开了他。

阿七回想着以前美好、甜蜜的日子，恍若隔世，他知道自己深深地伤害了两个好女孩，也把自己拖入了万劫不复的深渊。

可是后悔有什么用呢？一切都已经为时过晚。

对爱情太过贪心，最后有可能什么也得不到，而且还伤害了深爱着你的人。

珍惜爱着自己的那个人，才不会给自己的青春留下悔恨。即便是不爱了，也不要给对方心上划一道伤痕，因为只有微笑着转身，才会给对方留下最无瑕的回忆，也让自己不留遗憾。

著名诗人席慕蓉写过这样一段话：在年轻的时候，如果你爱上了一个人，请你，请你一定要温柔地对待他。不管你们相爱的时间有多长或多短，若你们能始终温柔地相待，那么，所有的时刻都将是一种无瑕的美丽。若不得不分离，也要好好地说声再见，也要在心里存着感谢，感谢他给了你一份记忆。长大了以后，你才会知道，在蓦然回首的刹那，没有怨恨的青春才会了无遗憾，如山冈上那轮静静的满月。

4. 世界上有没有童话般的爱情

小时候，我们总是喜欢捧着童话书看，却从来不知道真正的王子和公主是什么。长大了，我们幻想遇到属于自己的王子或公主，虽然不知道他（她）什么时候会出现。

可是现实生活中，真的有王子和公主吗？是不是每一段爱情，都能像我们想象的那么美好呢？世界上，真的有童话般的爱情吗？

我们常常看到电视、电影里的男女主角，男的帅，女的漂亮，于是就常幻想要是自己也可以遇到像王子（公主）一样的另一半该多好啊！即使不能找到那么完美的人，如果能拥有那么一段荡气回肠的爱情也好。

可是，平凡的世界里，往往很难像我们预计的那样美满。毕竟那些王子公主的童话只是作家编撰出来的故事，是一种现实的升华。

现实中的爱情往往是平淡的，如果眼睛总是盯着那些虚无的幻想，也许会错过身边很多真实的风景。

待到年华已逝，发现童话世界的不可靠，再回过头来寻找现实中的美好，那时候恐怕已经人去楼空了。

所以，那些还在做梦的青年男女，赶紧醒过来吧！抓住身边的平凡爱情才是一生的归属，而那些童话般的梦，终究只是闲来无事时的一种幻想罢了。

小月是个可爱又浪漫的女孩，她从 18 岁起就幻想自己一定要遇到心目中的真命天子——她希望他有清澈的眼眸，笑起来会露出白净整齐的牙齿；她希望他会写一点小诗，有时候有点忧伤，有时候又很开朗；她还希望他是个体贴的男人，会在她不开心的时候哄她，会偶尔给她制造一些小浪漫。

　　现在的小月已经 28 岁了，但是她至今没谈过一次恋爱。其实她的身边并不乏追求者，却没有一个符合她心目中的标准。

　　她是个固执的女孩，即使有时候也会羡慕身边的朋友都成双成对，她总是告诉自己要"宁缺毋滥"。

　　后来，她换了一份工作，偶然发现自己的老板几乎符合她心目中白马王子的一切标准，从看见这个男人的第一眼开始，小月就爱上了他。经过一段时间，老板感觉到了小月对他的感情，于是也开始对小月产生了超过上司对下属的那种关心。

　　小月觉得自己就像是童话里的公主一般幸福，这样的幸福感让她觉得既兴奋又不真实。

　　可是，突然有一天，一个穿着贵气的女人闯进了办公室，拿起桌上的水就朝小月泼过去，还骂了很多难听的话。

　　小月这才明白，自己一直追求的崇高爱情，原来是别人眼中最不齿的第三者。她仓皇地逃出了办公室。

　　后来，老板又打电话来，小月没有接。

　　她的心像是从天堂摔到了地狱，曾经那么向往的美丽爱情，到头来也不过如此，她梦里的那个王子竟然是个如此荒唐的男人，她恍然间觉得自己是那么可悲、可笑。

　　也许幻想会让爱情蒙上一层美丽的面纱，可是当那层虚无的面纱揭开时，你是否能承受得起那份美丽背后的现实呢？

不要把爱情编织成一个超出现实的梦，也不要期望身边爱你的那个人变成你想象中王子（公主）的样子，这样的奢望只会让你在幻想中慢慢地失落，从而变得一无所有。

还是让我们珍惜眼前人吧！

也许，此刻站在你身边的那个人，离你想象中的标准差了很多，但他（她）可能是这个世界上独一无二最爱你的那个人；也许，他（她）在你的生活里从来没有制造过一点点惊喜，你们的日子每天都围绕着柴米油盐，但平凡之中你们成为了彼此的习惯，他（她）一句关心的话，一顿早餐都是浪漫的积累啊！

爱情不是一定要每个人找到心目中的公主或者王子，也并非轰轰烈烈的才称之为爱情。只要彼此相爱，有时候平凡也未尝不是一种幸福。

5. 如果不爱，就不要给对方幻想

我曾经在一个电视节目中看到过这样一个场景：男嘉宾委托节目组帮他找一个女孩。镜头前，他幸福地讲述着和女孩相遇、相识的点滴，在场的所有人都能感觉到他对她的爱是那么深。然后他告诉主持人，就在他向女孩表白后，女孩却突然消失了。

他害怕女孩发生什么事，于是开始疯狂地寻找她，却始终无果。一个月后，他偶然看到了这档电视节目，希望通过媒体的帮忙，找到他心爱的女孩。他要亲口告诉女孩，不管她遇到任何困难，他都会和她一起面对。

几分钟的等待后，女孩出现在了现场。当主持人向女孩问及此事时，女孩所说的情况和男孩说的完全不一样。女孩告诉主持人，她和这个男孩只是普通朋友关系，她有一个相恋多年、分隔两地的男友，这段时间的消失，实际上是去看男友而已。

全场哗然，一下子气氛变得尴尬不已。全场沉默了几秒后，男孩忍不住低声问道："为什么你从来没有告诉过我？"

女孩略有些委屈地反问道："难道非要我亲口拒绝你吗？你自己看不出来？"

男孩伤心地低下头，什么也没说，独自走出了演播厅……这段看似美好的感情，戳穿了竟是一个误会。

谁应该为这个错误负责呢？是男孩太木讷，看不懂女孩的心思？还是女孩太优柔，没能一开始便拒绝男孩的心意？

所有人都看得出来，女孩对男孩的示好一直都心知肚明。女孩默默地接受着男孩的关心与照顾，不接近也不远离，她和男孩保持着看似安全的暧昧关系。但在男孩的内心，却以为女孩对自己有好感，于是想要把这种模糊的关系明朗化。

女孩看到了事态的严重，才想要急忙逃脱。到最后，一切都水落石出，女孩还能找出委婉的理由为自己辩解：不忍心伤害你，以为你自己能明白的……一切看似理所当然，可实际上却对那个爱你的人造成了严重的伤害。

有时拒绝很伤人，所以如何拒绝、选择怎样的方式来拒绝是很重要的。一定要把伤害降到最小，不要让对方爱不成，反而化成了恨。

首先，必须拒绝时，态度一定要坚决。

拒绝难免让双方都陷入尴尬，但不能因此就犹豫不决、拖拖拉拉。因为爱一个人，会对对方的一言一行都很敏感，如果拒绝的态度不够坚决，很容易造成误会。

其次，在拒绝的同时，要考虑到对方的自尊心。

具体说来，你一定要表明拒绝对方并不是因为对方不够优秀，而把消极原因归结在自己身上。说出的理由合乎情理，让对方觉得拒绝也是为了他（她）好，尽量让对方觉得他（她）不是遭受到拒绝，而是双方真的不适合。

最后，选择恰当的方式和时机。

拒绝别人千万不要托人处理，这样显得对对方不够尊重。为了体现出诚意，最好是面谈或书信的方式。在时机上，不要太鲁莽，也不要拖延太长的时间。选择什么样的时机，要视具体情况而定。

如果爱，请深爱，大声地表白。

如果不爱，请不要给对方留有幻想，一定要断然拒绝。因为一段感情，只有在未投入太深之前才能将伤害降低到最小。

6. 爱上不爱你的人，等待或者放弃

大家都知道，爱一个人需要很大的勇气，那么因为爱而放弃一个人需要更大的勇气。

倘若你知道，你的放弃可以让对方收获更大的幸福，你会有勇气选择放手吗？你爱一个人，不就是渴望对方拥有最大值的幸福吗？如果绑住的爱让对方变得不幸，还不如放开风筝的线，让对方飞去自由的地方。

很多时候，不可能每一段爱情都能两厢情愿，如果爱上一个不爱自己的人，是选择等待，还是放弃？如果等待与坚持，让你成了对方的负累，这样的爱还有意义吗？

一个真正懂得爱情的人，就会明白，爱情在很多时候并不等同于拥有，得到并不是爱情必然的结果。

我曾看到过这样一个故事：天山深处有一个汽车老兵叫大李，都快30岁了还没结婚。因为山区的工作辛苦，而且气候条件也很恶劣，让大李看起来像个老头。

朋友、同事给他介绍了很多对象，但没有一个成功的。特别是他的一个高中女同学——红芸为他的事不知操了多少心。

最后，红芸经过一番慎重考虑，决定把自己嫁给这位守边军人，很快他们就结婚了。

结婚没几天，大李就接到部队通知，要回部队执行任务。夫妻俩依依不舍地惜别。

两个月过去了，红芸一直没有大李的消息，就在她准备去部队找人时，却意外收到大李的离婚协议书，里面还夹着一封信。大李说一结婚就后悔了，觉得和红芸并不合适，所以决定和红芸离婚。

红芸看完信后伤心不已，想到自己才貌双全，看在同学的情分上才委屈地嫁给他，却反而被甩了。一气之下，她就在离婚协议书上签了字。

10年很快就过去了，有一天，红芸和现在的丈夫在公园漫步，突然看到头发白了一半的大李坐在轮椅上，被人推着也在公园散步。

红芸问大李怎么变成了这样，他终于说出了实情：那次离开之后，他遇到了一次严重的车祸，命是保住了，可落下了终身残疾。为了不连累年轻美貌的妻子，才写下了那封绝情信。

原来大李的放弃，全都是为了不拖累红芸，让红芸过上幸福的生活。这个善意的谎言一撒就是10年，谁不为这份伟大的爱情震撼呢？

放弃爱一个人，往往比用尽全力去爱一个人要难得多，但很多时候，这种放弃是那么伟大。放弃，并不是因为不爱，也不是为了自己，而是为了让对方幸福。

有一种爱，叫做放手。

因为太爱，所以选择松开爱人的手，哪怕是被误解，哪怕是让自己陷入无尽的痛苦之中，也要让心爱的人找到自己的幸福。

7. 爱情不落实到现实，不易天长地久

每个女人天生都爱幻想，在面对即将来临的婚姻时，幻想会如童话中的王子与公主一般，结尾永远是：从此过上了幸福快乐的生活。

这从小便从童话故事中得来的婚姻景象，却与现实生活存在着莫大的差距。我们用来形容美满爱情的词汇有很多，比如，青梅竹马、夫唱妇随、两情相悦、比翼双飞……但是这也未免过于理想。

人无完人，你的另一半也是一样。婚姻幸福的关键不是你寻找到一个完美的人，而是你是否能够包容对方的不完美。

千万不要指望婚姻能解决一切，诸如婚前男人是个工作狂，从不陪你逛街，借口是为了将来能让你过上好日子，于是女人就以为结婚后他一定能踏实下来；婚前他嗜烟酒如命，于是女人又以为婚后他一定会为了自己和孩子，放弃这些不良嗜好；婚前男人不喜欢做家务，女人总是以为男人在父母身边待久了，习惯了不问家事，结婚后有了自己的家自然就会承担起责任来……

若真如女人们所设想的一般，就不会有那么多怨妇和家庭纷争了。

有一天，我晚上听电台，里面讲了这样一个故事：阿琴在婚前就发现男朋友是个花钱大手大脚、死要面子活受罪的人。

但是，那时她认为男人哪有不要面子的，再说一个连面子都不要的男人，那也不值得自己去爱。因此，当男朋友拿着钻戒、玫瑰花向她求婚时，她觉得自己就是世界上最幸福的女人。

阿琴成了那个男人的妻子，婚后却发现薪水并不丰厚的丈夫总是对一些知名品牌情有独钟，从时尚数码到衣服鞋帽，无不要求名牌傍身。到了婆家一看，更是吓了一跳，公婆虽是普通工薪阶层，但连浴室的拖鞋也是某名牌的。

很快，家里需要添置一台洗衣机，她去和丈夫商量，丈夫却说没钱，等等再说。这时，她才发现丈夫居然连一分存款也没有，生气之余，更多的是对自己未来生活的不安。

就这样，两人的战争开始点燃，总是为一些柴米油盐、鸡毛蒜皮的事情吵架，而一切的导火线就一个——钱。

阿琴又是后悔，又是伤心。

当时恋爱时，丈夫总是为自己买贵重的礼品，那时她觉得那是丈夫舍得花钱，是真心爱她；而如今却觉得丈夫大手大脚是不顾家，不会过日子，对家庭没有责任感……

吵吵闹闹中，阿琴的婚姻走过了 7 个年头。

丈夫乱花钱的习惯变本加厉，无论她如何不满，丈夫也并未有所收敛，反而弄得负债累累。

原以为婚姻能够改变丈夫的生活习惯，也能唤醒丈夫的责任心，没想到一切都已落空。如今，阿琴只有一个想法，就是和丈夫离婚。

其实，婚姻的成功关键在于婚前的选择和婚后的经营。和爱情相比，人们厌倦婚姻的原因是它太无所顾忌。

作家三毛说过："爱情如果不落实到穿衣、吃饭、数钱、睡觉这些实实在在的生活里，是不容易天长地久的。"

婚姻既是两个独立存在的个体，又是两个人之间精神与肉体的合而为一，也是爱情的升华，人与人之间最深刻的关系。

记得有一位聪明的母亲这样问将要步入婚姻的女儿："你可以接受你未来的丈夫所有的习惯、能力、和人品吗？你是否能够接受你未来的丈夫现有的所有缺点？若他在结婚之后所有的一切没有任何的改变，你是否会一如既往地爱他并且丝毫不会后悔？如果你的答案是肯定的，我同意并且祝福你们的婚姻。"

当时，她的女儿认真地考虑了很多天后，对妈妈说："我确信自己不会后悔。"

其实，"婚前选你所爱的，婚后爱你所选的"，即使出现矛盾，也要多想想对方的好处，只有持有这样的心态，才能让你的婚姻走向幸福。

缘分是天意，如不去珍惜，爱情并不会天长地久。

Part 7：

脾气要懂得适可而止：
不懂忍耐，会让幸福越行越远

1. 不懂中庸之道，道路充满荆棘

古今中外，凡事能够成就大事的人都具备一种卓越的才能——中庸之道。待人处事不激进、不冒失，沉稳而又懂得忍耐，能做到这些，才能在社会中处于不败之地。

这也是很多成功人士智慧之精华。

有人说："处世让一步为高，退步即进步的张本；待人宽一

分是福，利人是利己的根基。"这句话细细品来很有道理，为人处世，忍让才是最高明、最根本的智慧。

人生在世，处处争强好胜，妄露锋芒，并不是什么聪明的行为。俗话说枪打出头鸟，谁先凸显出来，谁就有先被打掉的危险。

《庄子·人世间》中曾经记录过这样一个故事，甚是耐人寻味：

来到齐国曲辕的匠人石，看见了一棵巨大无比的栎树，而这棵栎树被当地人视作神树。这棵树的树冠可以遮蔽数千头牛，树冠之大可想而知，树干就有数十丈粗，树梢离地面八十尺处方才分枝，要是用它造船的话，可以造十几艘。

观树之人络绎不绝，而匠人却不看一眼，继续前行。匠人的徒弟看了大树半天，气喘吁吁地赶上了匠人石，说："自我跟随师父起，还未曾见过这般树木，但师父为什么看都不看一眼呢？"

匠人石回答道："快别提它了！如果用它造船，船必沉没，做棺椁会很快腐朽，做成器皿会坏得更快，作为屋门之材定不合缝，作为房梁定遭虫蛀。这树不是什么可造之材，所以才活到这般年纪。"

回到家后，匠人石梦见栎树对他说："你用什么和我比较？是不是你想用那些可造之材和我相比？还是那些果树？那些果树待到成熟之时，果子就会被打落在地，之后遭到摧残的就是枝干，大小枝干会被通通修剪。各种事物也不过如此而已。我曾经被人砍得半死，最后得以保全，思来想去，我最大的用处就是无用。要是我真有用，还能颐养天年吗？你怎么能用这样的眼光看待事物呢？"

最"无用"的反倒最长久，这不正是委曲求全的道理所在吗？一棵参天的古树，却要用弯曲的树枝、低劣的木质、树叶的怪味等来伪装自己，以使自己逃脱被人类砍伐的命运。

老树况且如此自保，人类处世的道理不也应该如此吗？

但实际上，我们总喜欢把自己比别人的高明之处表现出来，恨不得自己得到所有人的崇拜，这种误区往往会让自己钻牛角尖，最终树敌无数。古人说"藏巧守拙，用晦如明"，想要平静淡然地生活，就不要妄露锋芒，否则"功高盖主，主必压之"——在上司面前卖弄自己的聪明，是最不明智的选择。

以下这个例子足以说明：韩信身为汉朝开国第一功臣，曾多次献出妙计，定三秦，率军俘魏王，活捉越王歇，收燕荡齐灭楚，最后逼得项羽在垓下自杀。司马迁曾经这样评价过他："是韩信打出汉朝一半的天下。但他犯了功高震主的大忌。"

刘邦曾经这样问过韩信："你看我能统兵多少？"

韩信说："最多不过十万。"刘邦又问："那你又能统兵多少？"韩信不敛锋芒地说："多多益善。"

刘邦因为这样的回答而颜面扫地，耿耿于怀。在打仗方面，刘邦确实不如韩信，但韩信身为人臣不懂得收敛，相反却又常常在刘邦面前锋芒尽露，最终把自己逼上了绝路。

"韩信甘受胯下之辱"这个故事人尽皆知，为此，韩信被人们称为"能屈能伸"的大丈夫。但在收获丰功的同时，他不懂得收敛锋芒，一味在主公面前贬低对方，抬高自己，这样的人，谁能容忍？一个曾经的英雄最后竟是死于狂妄自大，哀哉！

往往越是急于表现自己的人，别人越是认为你是过于急功近利。卑躬屈膝不算是忍耐，委曲求全也不是屈服于命运的表现，只是衡量轻重后的一个自保策略。不以别人的冒犯而愤怒，不以他人的无理而争吵。懂得中庸之道，懂得权衡利弊，在任何情况发生后，能在短时间内思考出最有利于自己的方法，做出能够自保的策略，这才能成为这个时代的成功者。

只有学会委曲求全，做到能屈能伸，自己被保全了，才能够实现自己的人生目标。

2. 怀着爱心吃青菜，要比带着愤怒吃海鲜强得多

我们在生活中，不太容易原谅别人，尤其是那些曾经伤害过我们的人。说不定在很久以前，或者就在昨天，有一个人在有意无意中伤害到了你的心灵，于是，我们便会久久不能释怀。

可是，不原谅又有什么用呢？仇恨只能让你变成一只作茧自缚的蚕，将自己束缚在吐出的烦恼丝之中。

曾经有位哲学家说过，原谅是堵住痛苦的唯一方法。唯有原谅他人，你才能让自己的心情更舒畅。冤冤相报何时了，这样做不仅解决不了问题，只能让双方陷入永久的痛苦中，而宽容才能治愈这种内心的伤痛。

海格力斯是古希腊神话中的一位大英雄。

一天，他在崎岖的山路中踩到了一个东西，这个东西阻碍了他的去路，他恼羞成怒，想把这个东西踩死。可意想不到的是，这个东西非但没死而且越来越大，最后挡住了所有去路。

有位智者在这个时候走过来说道："不要踢它，你要远离它，甚至不许记住它！因为它叫仇恨，你忘记它的话，它就会像当初一样小；你侵犯它，它就会膨胀起来，挡住你的路，与你敌

对到底！"

仇恨和敌意让我们与周围的人筑起了一条沟渠，而宽容和善良则是跨越的桥梁。待人宽容是一种美好的品质，宽容了别人的同时也给自己留下了舒缓的空间。

有关实验表明，宽容还有利于我们的身心健康，帮助我们排解一些负面情绪。专家先让接受实验者用宽容的心态去回忆曾经一个受伤害的场面，然后再用非宽容的心态去回忆同样的场景。

结果表明，接受实验者在非宽容期的平均心率从每 4 秒 1.75 次增加到每 4 秒 2.6 次，血压也随之升高了。

此外，美国斯坦福大学曾经做过《斯坦福宽容计划》，通过实验发现，所有参加计划的人中，有 70% 的人受伤害感明显降低，20.3% 的人表示因怨恨带来的身体不适症也有所减轻。

教育家霍姆林斯基曾经说过："有时宽容引起的道德震动比惩罚更强烈。"宽容有时是一种艺术的惩戒，一种无声的教育，在帮助犯错误的人改正错误的同时，还能维护对方的自尊。

如果你无法原谅伤害你的人，而是一味地怨恨，那么最终会让自己未老先衰，失去了幸福。

曾经有人将怨恨比喻为"一条环抱在胸前的毒蛇"，认为它恶意的毒液会伤害到你，甚至结束你的生命。

所以，为了自己的幸福和快乐，我们也应该把怨恨的情绪丢开，试着去接受对方。就像有位哲人所说的那样："怀着爱心吃青菜，要比带着愤怒吃海鲜强得多。"

有了宽容，才能克服不良的情绪，才能做到心态平和。这是一种良好的生活态度，并且是一个人美好的个性品质。

有一天看到这样一个新闻，很是好笑：一辆公共汽车上，一个外地年轻人手里拿着一张地图研究了半天，问售票员："去某地应该在哪儿下车啊？"售票员是个年轻姑娘，正剔着指甲，她头也不抬地说："你坐错方向了，应该到对面往回坐。"

这话也没什么，错了就坐回去呗，但她多说了一句，"拿着地图都看不明白，还看什么劲儿啊！"

旁边有个大爷听不下去了，对小伙子说："你不用往回坐，再往前坐四站换904路也能到。"

要是他说到这儿也就完了，既帮助了对方也树立了好市民的形象，可他又说了一句话，"现在的年轻人哪，没一个有教养的！"

车上的年轻人多着呢，打击面太大了吧！

旁边有个女孩子就忍不住了："大爷，没教养的毕竟是少数嘛，您这么一说我们都成什么了！"说完她又多了一句嘴，"您这样上了年纪的，看着挺慈祥，一肚子坏水儿的多了去了！"

一个中年大姐冒了出来："你这个女孩子怎么能这么跟老人讲话，你对你父母也这么说话吗？"

女孩子立刻不吭声，可大姐又多说了一句，"瞧你那样，估计你父母也管不了你。"接着，两人吵成了一团。

"都别吵了！"售票员说道，接着她又多说一句，"要吵统统都给我下车吵去，烦不烦啊！"

整个车厢立刻炸了锅，乘客分成几拨，骂售票员的，骂女孩子的，骂中年大姐的……

大文学家维吉尔曾这样告诫人们："无论遇到什么事，命运终将被忍耐战胜。无论发生什么事情，我们都应该首先考虑退步忍让。"在现实生活中，每个人都不可避免地要和别人交往，交往则免不了磕磕碰碰。此时，大家若不知忍让，不去克制，与对方撕破脸皮，那么很可能小事化大，麻烦不断。

"小气者斤斤计较，常戚戚。大气者大开大合，坦荡荡。"一个人有了退让，就不会被认为是一介粗鲁的武夫；有了退让，就会有广阔的人缘和未来。换一句话说，如果想培养一份大气之美，想拥有更好的生活和未来，你就得学会适时适当地让步。

《菜根谭》曰：径路窄处，留一步与人行；滋味浓的，减三分让人尝。凡事让一步，表面上看好像是损失，但事实上由此获得的必然比失去的多。

3. 没有好的心态，忍耐只会是痛苦的记忆

成功需要忍耐，而忍耐需要良好的心态。

心理学上说，心态是指人们对外在事物做出现实反应的心理状态，是一个人价值观的直接体现。

当我们在生活中遇到像顺利、成功、获得、挫折、失败、损失等情况时，就会产生褒、贬、惜、怨、喜、怒、忧、悲等心理，这种心理也会使我们表现出喜、怒、忧、思、悲、恐、惊等情绪。

受外界因素刺激，人们的反应有时会走向偏激，出现诸如乐极生悲等心理失衡的心态。一旦产生心理失衡的状态，人很可能会失去应有的理智，做出一些对自己或他人有害的事来。

因此，我们要学会调整自己的心态，懂得控制自己的情绪，利用忍耐的调和作用，让自己始终处于积极的状态中。

教授对九个人进行了一项实验。教授对他们说："全部听我

指挥，走过这座小桥，但是不能掉下去。如果掉下去的话也没什么，因为下面只是有点水而已。"

这九个人就开始过桥，很顺利，全部通过。

教授这时打开了一盏灯，通过灯光，他们看到桥底下不仅有一点水，而且还有鳄鱼。九个人不禁暗自倒吸一口凉气，也为自己没有掉下去而感到幸运。教授这时问道："你们这些人中还有谁敢走回来？"这次没人敢走了。

教授说："你们就想象成自己是走在无比坚固的铁桥上就行了。"经过再三的诱导，终于有三个人愿意尝试一下。

第一个人小心翼翼地走过了桥，看看时间，足足比上次多了一倍；第二个人胆战心惊地走了一半就坚持不下去了，吓得只好趴在桥上；第三个人没走几步就吓趴下了。

这时，教授把所有的灯都打开了，大家这才看到，原来有一层网隔在桥和鳄鱼之间，刚才因为灯光昏暗，所以没看清楚。看到这样的情形后，大多数人不怕了，于是都走了过来。只有一个人还是不敢走，教授问及他原因时，这个人竟然担心网会破掉。

这就是心态的魔力。

同样的小桥，同样的人，几次测试的结果却截然不同。当被测试者对眼前的危险一无所知时，他们都可以全部顺利通过，因为当时他们没有任何一人会给自己不好的心理暗示。当他们意识到鳄鱼的存在时，全部被吓住了，产生了消极的心态。

还有个故事揭示的原理是心态影响生理：身为电器公司质检员的凯雷，做事尽心尽力，但对人生过于悲观是他最大的缺点，他很少用肯定的目光去看待世界。

一天，公司有一个庆祝活动，所以大家都提前下班了。但不凑巧的是，凯雷因为一时大意把自己关在了一台待售的冰柜里。

凯雷狂呼救命，但是根本没有人前来帮忙，直到他求救到筋疲力尽之时，他无奈地哭泣了。

此时，他心里产生了一个恐怖的念头：冰柜里那么冷，他肯定会被冻死在这里。最后，他用质检单写了一封简单的遗书。

第二天，当大家打开那个冰柜时，发现凯雷奄奄一息地躺在里面，经过抢救也没能挽回生命。在他的遗书中，大家发现他这样写道："没人救我了，我肯定会被冻死在这里！"

这句话让大家感到为之一惊，因为冰柜根本没有插电，而且用点力就能把门推开。

哀莫大于心死，凯雷并非是被冻死，而是在悲观的心态中被吓死了，他又有什么理由能够活下去呢？

我们每一个人都会怕死，但最可怕的不是死亡，自己吓自己才是最可怕的，它会拖垮你的忍耐和毅力，最终把自己推向死亡的深渊。不论多么狰狞的东西，你想象他是可怕的，他便可怕；如果你不去在乎他，那么他分毫都不会影响到你。

在持续忍耐的过程中，多给自己说些鼓励的话，如"快过去了！""一切都会好起来的！"等。积极的心态就像一股暖流，让你在痛苦的忍耐中获得补给，支撑你收获理想的结局。

4.人与人的那一点点不同，就是自我控制力

有一位作家说："其实人与人都很相似的，不同就那么一点

点。"这一点点，便是忍耐力。一个能够忍耐的人，是一个有足够自我控制力的人，他对自己的雕琢，更胜他人。

每个成功者都明确知道自己想要什么，该做什么和绝对不能做什么。因为他们深知："在成功的道路上，你没有耐心去等待成功的到来，那么，你只好用一生的耐心去面对失败。"

韦文军在深圳装修装饰行业可不是一个普通人物，他的装饰设计公司在短时间内迅速崛起，他传奇般的发家经历值得我们借鉴。

美术中专毕业后，初到深圳的韦文军在第一次面试时，经受了一连串的打击。

第一次走进装修设计公司老板办公室的韦文军是这样介绍自己的："你好，我叫韦文军，今年才毕业……"还没等他把话说完，老板一挥手："出去！我们公司不要刚毕业的新人！"

韦文军当时的心情难过极了，但他还是很克制地说："虽然我刚毕业，但我还是挺有天分的……"老板马上打断了他的介绍，大声说道："我们公司的员工个个都有天分，请你马上离开！"

韦文军并没有放弃的意思，马上拿出作品放到了老板的面前。老板看了之后，感觉还行，就对韦文军说："我们这里的办公都是用电脑操作，你可以吗？"韦文军连连点头："我会用电脑！"

软磨硬泡之下，老板答应给他几天的试用期。没过几天，老板又让韦文军走人，原来老板看出了韦文军只是会些皮毛而已。

让人如此这般看不起，自尊心受到如此打击，但韦文军依然忍耐着。

他再一次表明自己想学电脑，不要公司任何报酬，只要管吃住就行。最后，老板给了他这样一个条件，那就是让韦文军负责公司卫生间的清洁工作。韦文军接受了。

从此，有一个忙碌的身影穿梭于这家公司。整个上午韦文军都在打扫卫生，中午简单地吃上几口，接着清洁厕所。

等所有的清洁工作完成后，已经到了下午。剩下的时间，韦文军就是和别人学习电脑操作。下班后，韦文军还要再次打扫一遍，简单吃过晚饭后，就开始阅读书籍和学习上机操作。

后来，韦文军觉得自己还得多多了解建筑知识，于是就产生了去总工程师那里"偷艺"的想法。

他发现，这位总工每晚动笔之前有一个喝酒的习惯，于是他就用自己不多的积蓄买来各式名酒，还为总工带来一些下酒小菜，总工终于默许韦文军坐在他的身边了。

从那以后，公司正式雇用了韦文军，月薪1000元。工作了一段时间后，韦文军画的3D装修效果图的中标率非常高。经过反复研究，老板还发现韦文军色彩感觉也特别好，就立刻提升韦文军做设计总监，月薪6000元，并不时给韦文军一些大项目去做。

1999年7月，公司得到了"东海庄园"别墅群规划的大单子，韦文军全权负责这个项目。

韦文军此时已经非常老练了，他上学时的风景水粉画功底也在这次派上了大用场，两个月的时间，光3D效果图就画了37张。韦文军受到了客户的赞誉，客户很痛快地将款项划到公司账上。

韦文军被老板任命为艺术总监，此时，他已经月薪两万，而且还能得到年终分红奖励。回首往昔，韦文军为自己一年前还在公司刷马桶的境遇感慨万千。

两年之后，韦文军用积蓄成立了自己的装饰公司。

重提过去那段往事，韦文军一笑了之，称刷马桶的经历实属上帝"负面的恩典",非常难得,他会抱着感恩的心回头看待这段故事。他告诉我们一个成功的"秘密"——所谓能耐,就是能够忍耐!

人生总是充满了困难和惊喜,就像当初刚刚毕业的韦文军,没有一技之长,三番五次地被人拒绝,但是凭借着自己的忍耐力和冲劲,从刷马桶做起,从不要工资开始,在忍耐中提高自己,使自己成了一名技术精湛的设计师。

人因为有希望才能够好好活着,因为对美好明天的追求才忍受了今天的痛苦,不管生活多么艰难,只要想到未来的日子,只要不放弃希望,我们就有勇气忍耐一切。

很多时候,我们也会遇到像韦文军当初遇到的情况,这就要求我们也要像韦文军那样有一颗忍耐的心,有一颗希望的心。

当然,并不是每个人都要像他一样从刷马桶做起,但是肯于刷马桶,确实是一种追求成功的良好态度和巨大决心。

成功,就是这样,要花费很大的代价,要忍耐,要对自己狠一点。

5.美丽的图案,总是由耐心编织

我的邻居周太太有个 5 岁的女儿,每天早上要练习游泳一两千米。有一次我在电梯口遇到周太太带着女儿去训练,我寒暄地问她的女儿:"倩倩,你是不是喜欢游泳?"

"是,我很喜欢。"

"能坚持下去吗？"

"能！我有耐心，因为我觉得我可以练好游泳。"

这个 5 岁孩子有着许多成年人都从未有过的体会：耐心可以造就成功。

但是，往往有很多人做不到"耐心"二字，因为我们总是觉得如果那样做了的话，我们就会受到束缚。

实际上，往往那些耐心十足的人通常不会有上述的那种感觉，他们做任何事情都会觉得有一股无形的力量在帮助自己前进，并时刻鼓励着自己。

"延迟满足"是心理学上的一种概念，它是忍耐的最佳解释：就是能够为了长远的利益，忍耐和放弃眼前的微薄小利，以及在等待之中爆发出极强的自制能力。

有个美国心理学家，曾经做过一个关于"延迟满足"的试验。

在某个小学校园里，老师和这个心理学家把某班的八名学生带进一个空教室，随后心理学家向每名学生发了一粒可口美味的糖果，并对他们说："这是属于你们的，你们随时都可以把它吃掉。如果能坚持到我回来再吃，就会得到两粒同样的糖果。"言罢，他和老师一起离开了教室。

大多数孩子都吃掉了自己的糖果。最后，只有两名孩子克制住了自己想吃的欲望，等到 40 分钟后心理学家回来，而得到奖励。

这个心理学家在 20 年后发现：那两名能够忍耐一时之快的学生，成绩要比那些没有忍耐力的学生平均高出 20 分；进入职场后，他们身处逆境时，常常能从逆境中走出并获得成功。

这个实验表明：忍耐力是成功者的重要心理素质。

很多时候，我们的愿望不能马上实现，为了实现它，我们需要长久的付出和忍耐。

哈佛大学曾经做了一个"影响人们成功因素"的纵向调查。通过调查表明，影响人成功最重要的一个因素是"时间透视力"。

时间透视力是指当你计划每天的行程安排时，你所能考虑的时间长短。时间透视长的人，无一例外地做每件事情都是因为长远目标的发展。平均而言，专业人士的时间透视力可以长达20年。时间短视的人，他们只关注眼前的享受和快乐。

《卧虎藏龙》这部电影让华裔导演李安声名大噪。有人认为他的成功全靠运气，其实，李安能有今天，与他超常的忍耐力是密不可分的。

李安在1978年艺专毕业后，申请到美国伊利诺大学攻读戏剧专业的机会。1983年，李安从硕士专业顺利毕业，他花了一年的时间来创作自己的毕业作品。毕业作品不仅荣获了当年最佳作品奖之外，也引起了大牌经济公司的关注，他们不仅和李安签约，而且还要将他推荐到好莱坞发展。

进军好莱坞是每个年轻艺人的梦想，李安也是其中一员。签约之后，事情没有想象中那么顺利。原来经纪人并不是帮他介绍工作，而是在他创作出作品后，再帮他把作品推销出去。

但是作品是需要剧本的，没有剧本就没有作品。于是毕业后的李安，转型专心创作剧本。

李安用了整整六年的时间，在家里专心写剧本，耐心等待着机会。

好莱坞的门槛很高，要想进去谈何容易，于是，李安选择先在中国台湾发展。果不其然，电影《推手》的横空出现，受到了各界的好评，让蛰伏六年的李安获得了肯定。他说："六年的时间很长，如果没有耐心，就没有现在的李安和《推手》了。"

李安在这六年中最大的体会是：身处逆境中一定要冷静、不烦躁、不盲目挣扎。"我庆幸自己做到了忍耐的功夫，才有今日的成就。"

坚持到底说起来容易，做起来又谈何容易。

遇上这种情形时，缺乏耐心的人会给自己找借口，听起来也许十分合理。但是借口终究还是借口，想要达到成功的目标，我们必须要有充足的耐心，要有坚持到底的精神。

如果你希望有所建树，就记住这句格言："凡值得着手去做的就去做完，要是不值得去做的，就没有必要开始。聪明猎人跟踪猎物不是最终目的，抓获猎物才是最终目的。"

6. 种子经受住黑暗，才能破土而出

很多人总是在忍耐的时候备感痛苦，这是人之常情。

哲人说，忍耐其实不是一种痛苦，真正的痛苦在于你不愿去忍耐。有心人会在短暂的、有时限的忍耐之后，踏实肯干，提升自己的人生境界；而那些不愿忍耐的人，在获得片刻的舒心之后，必将会用一生的时间来面对人生的艰辛，忍耐生活的困苦。

上世纪 70 年代，美国麦当劳总公司准备进军中国台湾市场，需要招聘高级管理人员，于是就开始了海选招考。

很多有志青年都遭到了淘汰，原因是公司的要求太高。

终于，有个叫韩定国的人入围了最后的角逐。在最后的面试

里，麦当劳总裁和韩定国夫妇谈了好久，最后问了韩定国一个超乎所有人想象的问题："要是让你负责卫生间的清洁工作，你愿意吗？"

这个问题有点侮辱人的味道，韩定国还在考虑怎么回答的时候，身旁的妻子幽默地回答道："我们家里的卫生间清洁工作一直都是他做的！"

总裁二话不说，随即就录用了韩定国。麦当劳总裁认为一个成功的企业家，不仅要能干大事，而且要有忍耐的精神。

后来，韩定国才知道，麦当劳培训员工的基础课程就是卫生间的清洁工作，原因是服务行业的基本准则是"非以役人，乃役于人"。只有做好小事，拥有了忍耐精神后，才会理解"顾客就是上帝的道理"，进而才能为顾客提供更优质的服务。

在现实生活中，许多人在步入社会的初期都拥有远大的抱负，一心想一鸣惊人，而不去做埋头耕耘的烦琐工作。等到某天，那些比他资质差并且起步晚的人都已经有了一番作为，他才发现自己一无所获。他这才明白，不是上天没有给他机会，而是他心浮气躁，不愿忍受拼搏的过程，最终只会两手空空。

许多年轻人做事的心态都很急躁，总是希望一竿子下去，立即打下红彤彤的枣来。在通往成功的道路上，要学会忍耐，才能更有助于美好结果的到来。

阿基米德是古希腊著名的物理学家，出于一个偶然的机会，他注意到不同的物质具有不同的比重。在发现的瞬间，他激动万分，很想立刻将这一伟大发现公布于世。然而，他忍耐住了，抑制住了激动的情绪，用忍耐的精神埋头研究。

阿基米德经过潜心计算和钻研，最后才公布这条颠扑不破的真理——浮力定律。他也因此成就了自己科学巨匠的角色。

忍耐是成功对你的淘洗和冲刷，它会让你沉淀下来，最终大放异彩。

有人说，20 岁的时候，我们受诱于爱情；30 岁的时候，我们受诱于财富；40 岁的时候，我们受诱于地位；50 岁的时候，我们受诱于声望。

我们总会由于种种原因而心浮气躁，就像现实总是跟我们开着不大不小的玩笑——越是急着奔跑的人，就越容易摔倒。

种子要是不能经受在黑暗土壤中的煎熬，就不会破土而出。唯有踏实肯干、去除浮躁的人，才懂得忍耐的真谛，才能扎扎实实，循序渐进，一步一步登上事业的巅峰。

7. 人生就像大海，总有潮起潮落

人生有时候就像大海，总有潮涨潮落。既然大家都喜欢潮起时的澎湃心情，也要经得起低潮时的失落和伤心。

生活是一个漫长的路程，这样的潮涨潮落我们不知道要经历多少次。而没有潮落的对比，就更加没法彰显出潮涨的美丽和壮观。

所以，不要因为一次失败而去否定自己，对自己和人生失去信心。输赢只是暂时的，我们要用平常心去看待人生中的起落，要有随时都能从头再来的勇气。

1989 年，大学毕业后的史玉柱开始了自己的创业之路。他向别人借来了 4000 元钱作为启动资金，然后开始研发排版软件。这个项目，让他用了短短几个月的时间，就拥有了百万余元的资产。

借着这股干劲的风头，两年后，史玉柱成立了新公司，主要经营电脑和软件的销售。仅仅是这两项，就让他拿到了高达 3.6 亿元的销售额。他所经营的这个公司，一度跃升为中国第二大民营高科技企业。

1995 年，史玉柱又将触角伸向了保健品，先后推出了 12 种大家熟知的产品，迅速占领了中国保健品业的高端市场。

这一成就让他登上了《福布斯》的富豪排行榜，而这距离史玉柱大学毕业只有六年。

然而，在迎来辉煌后的史玉柱却遭受到了一次重大的人生危机。可能是财富的迅速积累让史玉柱掉以轻心，接下来的日子里，他展开了一系列盲目的扩张和投资，慢慢地，资金链断裂了。

三番五次之后，史玉柱走到了破产的边境。一夜之间，这个年轻的富豪变成了一无所有的穷人，更可悲的是他还背负上了 2.5 亿元的债务。

当时，人们都觉得史玉柱完了，这个巨大的打击换了谁恐怕都难以承受。然而，史玉柱却做出了让所有人都没有想到的举动，他不仅没有认输，而且再一次以一个超人的姿态迅速地站了起来。

1998 年，史玉柱和老部下开始了二次创业，仅仅两年时间，他们所开发出的保健品"脑白金"成了家喻户晓的产品，销售额每年都在突破。

这一次的成功，不仅让史玉柱在短时间内还清了所有的债务，还让他再一次变成了一个拥有巨额财富资本的成功者。

这仅仅是个开始，2007 年 11 月 1 日，史玉柱迎来了再一次的腾飞——他所创办的"巨人网络"在美国纽约交易所成功上市，这次飞越使得"巨人"成为国内最大的网游公司以及在美国上市最大的中国民营企业。

经历过风雨打击的史玉柱，用不怕输、不低头的良好心态迎来了人生的一道绚丽霞光。

每个人都有可能经历失败，但经历失败不一定是坏事，它往往会让我们看清自我。

犯错也并不要紧，只要我们能从错误和失败当中汲取经验，并有勇气从头再来，那就一定能超越困境，迈向成功。但前提是我们需要让自己保持空杯的心态，随时随地都有勇气接受归零的人生。

假如当初史玉柱不具备这样的"空杯"心态，一味地沉浸在昔日的荣光和现实的落差里不肯走出来，被破产的公司和2.5亿元债务所压制的史玉柱永远都不会有翻身之日。

只有保持空杯的心态，敢于随时主动倒掉昔日成功的光环和今朝溃败得一塌糊涂的教训，选择一切从零起步，才能成为在困境中也绝不放弃希望的榜样和经典。

就像幼蝶在茧中挣扎，是生命过程中不可缺少的一部分一样，逆境也是我们一生中不可或缺的因素。

破茧的过程，能让幼蝶的身体更加结实、翅膀更有力，而逆境的历练，是为了让我们懂得如何能够以强壮的心态，去面对人生的风雨。

正如巴顿将军所说的那样："成功的考验并不是你在山顶时会做什么，而是你在谷底时能向上跳多高。"

曾有一位演说家在一次讨论会上，高举着一张20美元的钞票对着会上的人问："有谁想要我手里这 20 美元？"话音一落，所有人的手都高高地举了起来。

演说家接着说道："我保证，今天我将会把这张 20 美元送给在座的其中一人，但是，在此之前，我要先做一件事情。"说着，演说家将手里的钞票揉成了一团，钞票立即变得皱皱巴巴的。

演说家再次问："现在，谁还想要它？"这一次，仍然有不少人再次举起了手。

接着，演说家将那张皱皱巴巴的 20 美元扔到了地上，然后用双脚不停地踩踏它，钞票变得脏兮兮的。演说家再次将它拿起来，向在座的人问道："现在，还有人想要它吗？"

这一次，只有几个人举起了手。演说家微笑地说道："朋友们，瞧吧！无论我手里的这张钞票是新的还是旧的，也不管我如何去蹂躏它，总还是有人想要去拥有它。这是因为，不管它经历了什么，它依然没有贬值，依旧价值 20 美元。"

其实，在人生路上，我们又何尝不是那"20 美元"呢？

现实中有太多的人曾无数次被逆境击倒、欺凌，人们也常觉得自己一文不值。事实上，生命的价值是不会随着我们遇到的挫折或是困境而改变的。

人们之所以会看不开，很多时候是因为内心被填满了。因为短暂的成功，我们就将自己摆在一个高台上，所以，当摔下去的时候，我们会觉得苦不堪言。

想要避免这种痛苦，就永远让自己保持"空杯"状态吧！

Part 8:

跟风要懂得适可而止:
认清自我，不要做别人眼中的自己

1. 你就是你，不是别人眼中的自己

我国著名的国学大师翟鸿燊曾说过："一个人如果没有独立的思考方式，就难免会陷入别人的游戏规则中去。"

在这里，翟鸿燊告诉我们，一个人要想独行于世间，就应该树立自己的行事原则或目标。否则，会被别人的思想和眼光左右，陷入别人的游戏规则里去，结果只会为了实现别人的目标而将自

已搞得身心疲惫。

有这样一则故事：有一位农夫带着他的儿子，赶着一头小毛驴到集市上做点小买卖。父子两人都是没有行事目标的人，平时特别在意别人的看法。

走了没多久，他们便碰见一群闲谈的妇女，其中一人笑道："快看，这两个傻瓜有驴子不骑，非要自己走着。"农夫听了心里很不是滋味，立刻就让儿子骑到驴背上去，他在后面跟着。

一会儿，他们又遇见一群老人，其中一人摇头哀叹："哎呀，现在的孩子真是一点孝心都没有，他自己骑着驴，年老的父亲却在后面跟着，真不像话！"农夫和儿子一听，赶快换了下位置。

这样走了一会儿，一群带着孩子的妇女看见了他们，一个女人气愤地喊："快看那个可怜的孩子，遇上这么个狠心的老头儿，自己贪图舒服骑着驴，却让孩子在后面走。"农夫一听，马上让儿子坐到他后面。

快到市场时，一个市民大声叫道："这头驴多惨啊，竟然驮着两个人！这头驴是他们自己的吗？"农夫和儿子听见了赶快跳下来，最后他们想了个办法：用绳子把驴的四条腿绑在一起，中间穿过一根棍子，父子俩一前一后抬着驴向前走。

当他们终于到达集市的时候，累得气喘吁吁，路上的行人看着父子俩抬着驴的样子，觉得新鲜，都开始哄笑起来："有驴不骑，父子俩真是太傻了。"他们的笑声吓到了驴子，驴子奋力挣脱了绳索，乱撞乱跑，一不小心扎到河里。

农夫因为缺乏自己的行事原则和行事目标，任由他人支配，最终得到的只能是懊恼和羞愧。在现实生活中，许多人也与农夫一样，缺乏必要的行事目标，别人如何说，他就会怎么做，结果只会弄得周围的人都有意见。

如何走自己脚下的路，如何去过自己的人生，都是你自己的选择和决定，完全没有必要在乎别人的看法。

任何人的看法和建议都不能从实质上改变什么。

在一本书中看到过这样一个案例：玛丽是一家广告公司的职员，她与同事安妮是好朋友。

安妮比玛丽早一年进公司，所以，刚开始玛丽受到了安妮的照顾。每当玛丽遇到难缠的客户，安妮都会主动帮她搞定。当玛丽业绩不好的时候，安妮也会帮她解决。

后来，玛丽凭借在业务上的成就，做到了 VIP 客户经理的职位。正当她欣喜的时候，她收到了来自好朋友安妮的意外之"礼"。

那一次，玛丽与安妮共同负责一个客户关于新产品推广方面的新闻发布会。因为事前玛丽对新产品的资料做了详尽的了解，她提出的推广方案得到了客户的赞赏，客户单独请她吃晚餐表示感谢。

当时，玛丽也能感到安妮的尴尬，想去安慰她。但是她后来又想，以她们之间的亲密关系，安妮应该不会介意的。

第二天上班后，玛丽听到有的同事在小声议论她。后来，她才得知是安妮散布的谣言，说她那天与客户在酒店交谈彻夜不归。

看到同事们都在用异样的眼光看着自己，玛丽内心委屈极了。但她有自己的做事原则，那就是只要自己是清白的，别人怎么说那只是别人的看法。

随后一段时间，大家也觉得安妮所说之事经不起推敲，也就没人再提此事了。几个月后，玛丽因为业绩突出，又被升了职。

玛丽因为内心有自己的行事原则，不被他人的流言左右，成为自己真正的主人，最终又升了职。

要知道，没有一个人的生活与自己是完全相同的，自己的思想是独特的，我们理应接受它，这样才能活出真正的自我。

康德说："每个人都是自己的主人。"他想要表达的就是，每个人都有自由支配自己生活的自主权，这个自主权不受任何人、任何事物的影响。

所以，要做自己的主人，就要尽量靠自己内心的信念来左右自己，无须掺杂别人的任何意念或要求。

2. 一味跟随，生活会是暗淡无光

人生就是由一个又一个的选择组成，失败或成功往往就是在一个决定之间。

有一个人在饭桌上因为点餐而举棋不定，正当苦恼于选择哪一道菜的时候，突然灵机一动，就对服务员说和隔壁点一样的吧。

谁知道等菜上来的时候他懊恼不已，因为隔壁点了一道他最讨厌的菜，顿时心情大跌。

这只是生活中很常见的一件小事，从这一件小事上就能看到一个人的主见程度，盲从之后的结果不一定是好的。

一艘游船上，有来自于各个国家的商人，正在举行一场多边贸易的洽谈会。这个时候，意外发生了，游船开始缓缓下沉。

船长马上委派副船长去做好应急措施，让商人们都穿好救生衣，准备跳船。可是副船长费了半天的力气劝说，众人只是一片惊慌，就是不敢跳海。没办法，船长只能亲自来劝说。

没想到，众人听了他的话都纷纷弃船而去。副船长吃惊地询问船长是如何做到的，船长微微一笑："非常简单，对于英国人，我说跳水是一项利于身体健康的运动；告诉法国人，这样做是非常时尚的一件事；对于德国的商人，我告诉他们必须服从这个命令；对于美国商人，我说你们都有保险，为什么不跳；最后到中国商人那里，我告诉他们，不跳船逃命，家里的父母谁来养。"

这个船长相当于企业中的职业经理人，在遇到问题的时候需要用最快、最好、最有效的方式执行。显然，只有一腔热情是远远不够的，船长之所以能成功地将船上不同国家的商人说服，是因为他灵活利用了经济学当中的一个词汇——差异化管理。

各国商人所存在的差异是显而易见的，用相同的方式解决将很难达到目的。这从另一方面说明，这些商人都不会盲目地跟从，都有自己的想法。

这个故事也许有些夸张，这个我们可以不去追究，但在现实生活中我们盲目跟从的还是大有人在。

盲目地去跟随他人，肯定会失去自我，失去思考的空间，一味跟随他人的脚步，生活也不会有半点乐趣可言。

在求职面试过程中，有人常常都会犯一个同样的错误，就是不能做真正的自己，一味地揣测和附和考官的心态，总是想对方要的答案是什么，怎样才能将这道题回答得接近完美。

其实，面试你的人心里早有一把尺子，衡量你对做真正自己的尺度，是否能秉持自己的本性来工作，而不是在这里敷衍了事。

因为工作当中，如果你表现出来的是另一种面貌，那么你得到的结果也一样是被炒鱿鱼。

坚持做最出色、最真实的自己，永远不要随波逐流，否定自己来承认他人的做法是最愚昧无知的。如果连你都怀疑自己了，那么还会有谁来肯定你呢？

一定要去拓展自己的知识面，成功者的经验我们可以学习，但是如果生搬硬套的话却不一定适合你。

给自己多一些信心，遇到事情，别人的意见可以参考，但是不能要别人做决定，要培养自己的独立自主意识。

在追逐梦想的过程中，当初的设想总会与现实有些格格不入，但是你不能为了迎合大众而改变自己，遇到事情首先要做的是思考而不是盲从。

3. 生活中，扮演好自己的角色

生活中，很多人的烦恼往往都是因为攀比而产生的。

如果一个人总是拿自己的缺点去和别人的长处相比，就会觉得自己什么都不如别人，从而使自己陷入自卑和烦恼。

健康的人很少去关心自己的身体，即使有一个良好的体魄他也并不会因此去珍惜，而疾病患者却深深体会到健康的重要性；穷人常常觉得有钱了才叫幸福，而有钱人却认为轻松自在、无忧无虑的生活才是幸福；爱攀比的人总是遥望着虚不可及的别人的美好，而看不到自己已经把握在手中的幸福。

英国文学家培根曾经说过："一切恶行都围绕着虚荣心而行，都不过是满足虚荣心的手段。"攀比很大程度上是由虚荣心引起的。

俗话说"人活一张脸，树活一层皮"，很多人为了面子不切实际地盲目攀比，不惜打肿脸充胖子，迷失在无谓的攀比中。

有这样一则寓言：一只牛在草地上吃草，没留神踩死了几只小青蛙。

一只侥幸从牛蹄下逃生的小青蛙找到了青蛙妈妈，说其他伙伴被一个庞然大物踩死了。

"很大？"青蛙妈妈开始把身体鼓起来，不服气地说，"有这么大？"

小青蛙摇头："亲爱的妈妈，那只野兽要比你大得多。"

"有这么大？"青蛙妈妈深呼吸，肚子更加地鼓了。

小青蛙还是摇头："还没有那家伙一半大。"

不服气的青蛙妈妈把自己胀得跟圆球似的："这次该和它一样大了吧？"没等说完，青蛙妈妈已经胀破了身体。

青蛙和牛本身就有很大的差别，牛即便再小也会大过拼命将自己吹胀的青蛙。认不清自己的位置，胡乱攀比，只是自取灭亡。

一个人不能认清自己，就很容易陷入彻底盲目。牛顿曾经说过一句谦虚自知而又充满智慧的话："我看得远，是因为我站在巨人的肩膀上。"

每个人都有自己的优点和缺点，正所谓"梅须逊雪三分白，雪却输梅一段香"。顽强的常青树往往无花，娇艳欲滴的花朵却往往无果。有句话说得好："与他人比是懦夫的行为，与自己比才是真正的英雄。"

在一本杂志上看到这样一个故事：在竞选一个重要职位中，一个各方面都很优秀的女孩输给了一个名不见经传的应届毕业生。这个毕业生各方面平庸无奇，可是赢得这个职位的原因很简单：她是副县长的女儿。

这女孩相当不服气。回到家里，女孩气呼呼地把事情说给做了一辈子农民的父亲听。父亲听完女儿的诉说之后，并不言语，起身拿了锄头吩咐女儿和他一起去地里锄豆子。

父亲在村西的岗地里种了豆子，岗下是同村王叔家的花生田。由于岗下的土地比较肥沃，所以花生长得郁郁葱葱。

父亲向岗下面指了指问女儿："那里是什么？"

"花生地啊！"女儿不解。

"那这里呢？"父亲指着岗上自己家的地。

"豆子地啊！"女儿更加迷惑。

"这两块地哪块长得好啊？"

"自然是岗下的花生地长得好！"女儿比较了一下说。

父亲缓缓地说道："豆子不是花生，花生不是豆子，两样东西不同，怎么能比出好坏来呢？"

看着女儿还是不理解，父亲又说道："你说，咱们家的豆子地能长出花生来吗？"

"自然不能。"

"那岗下的花生地能结出豆子来吗？"

"这个也不能。"

"是啊！就像'种瓜得瓜，种豆得豆'的道理一样，不能胡乱与人攀比，做好自己的分内事就行！"

这位父亲是睿智的，他用生动朴实的例子告诉女儿：每个人都在生活中扮演着属于自己的角色，盲目攀比的结果只会是迷失自我，最终给自己带来不必要的烦恼。

每个人因背景不同，所以人与人之间的差距还是很明显的，有攀比心理很正常。如果通过攀比能让自己进步，也算是一件好事，但要把握一个度。

我们每个人的心中都应该放一把客观公正的尺子，既不夜郎自大，也不妄自菲薄，了解自己的角色，才能做好自己。

"人贵有自知之明。"也就是说，对待自我要有一个正确全面的认识，知道自己的优点和缺点，在待人处事时扬长避短，使自我的优势得到最大的发挥。

4.表面上很阔气，也许内心万分痛苦

我很喜欢读南怀瑾大师的作品，记得曾经有一个下午，我泡着一杯茶，捧着一本南怀瑾老师的书看着，在里面看到过这样一段话："坦白地说，有时候生活困难，过着穷不到一月，富不到三天的日子，表面上充阔气，内心却异常痛苦。"

是啊！在现实生活中，在与他人相处的过程中，我们常会为了顾及面子而做一些表里不一的事情，常常"死要面子活受罪"，这其实是一种自欺欺人的表现。

汪翔是一家公司业务部门的副主管，他的朋友张波在前不久刚刚成立了一家公司，张波邀请了一些朋友聚会庆祝。大家当时玩得很高兴，都祝愿张波生意能够红火。

这时候，汪翔说："张波，你看这些人总对你说虚话，我给你来点实际的，你的第一单生意我给你包了。"

其实，汪翔的内心很明白，自己虽然是业务部的副主管，其实没有多大权力，但为了在朋友面前摆面子，还是毫不犹豫地对朋友做出承诺。

这让在场的朋友们都说汪翔厉害，够义气。一瞬间，汪翔也顿觉自己很伟大，在朋友前赢得了十足的面子。于是，又向周围的其他朋友都夸下了海口，说大家有困难尽管说。

过了几天，张波去找汪翔谈生意。这下汪翔慌了，因为他对公司的这次招标根本就没有什么把握。

但是，汪翔又意识到，如果这个时候拒绝，那么无疑就使自己丢了面子。于是，他不得不帮张波忙活起来。

一个星期过去了，汪翔答应帮张波的事情没有一丝进展，但是张波也并没有不高兴，只是说：“当时看你说得那么胸有成竹，现在看来，我还是找别人吧，你不要为难了。”

为了保全面子，汪翔还是决定要给朋友看看自己的“能力”。不过，几次三番的失误，不仅使张波跟着受了累，就连自己也搭进去了不少费用。从这之后，朋友们都觉得汪翔并不像他自己说的那样厉害，于是都对他产生了一丝反感。

汪翔自己也备感失落，本来是想在朋友面前露面子的，没想到却使自己失了面子，真是懊悔不已。

曾经有人考证过，潇洒、明朗、自由、活脱等是从来“不要面子”的，上帝规定了你“要面子”就得“受活罪”：明明没有钱，但为了显示出自己活得比他人好、有能耐，就逢人摆阔气，装“款爷”“富婆”，今天请吃请喝，明天吆五喝六逛街购物，面子倒是要尽了，不过欠下一屁股账单后，暗地里只能吃咸萝卜；明明能力不足，就因为撕不破朋友这一张面皮，强装君子风度，答应帮朋友做一些力所不及的事情，最终使自己跳进痛苦的深渊；夫妻间明明是同床异梦，家庭已成为一种摆设，但一想起面子，社会议论，就装出一副男欢女爱的面孔来支撑着婚姻，直到双方心力交瘁……

如果你能静下心来想想，又何必呢？人与人之间应当是平等的，彼此之间只有坦诚相待，才能使友情成为一种支撑，成为一种快乐的享受。

有位世界级的小提琴家在指导自己学生演奏的时候，很少说话。当他的学生拉完一首曲子，他都不多说话，只是亲自再将这首曲子演奏一遍，让学生仔细聆听后从中学习一些演奏技巧。

他在接收新学生时，都会事先让学生表演一首曲子，以摸清学生的底子，再分等级进行教育。

这一天，小提琴家收到了一位新学生，琴声一起，在座的每个人都听得目瞪口呆。因为这位学生表演得相当好，出神入化的琴音有如天籁，比小提琴家自己表演得还要好。

学生表演后，台下的所有人都认为，小提琴家为了顾及自己的面子，一定会给这个孩子一些不好的评价，以显示自己的尊严。

出乎意料的是，小提琴家照例拿着琴走上前，这一次他只是将琴放在肩膀上面久久没有动。最终，他又将琴从肩上拿下来，并深深地吸了口气，接着满脸笑容地走下台去。这个举动使在场的人都感到极为诧异，没有人知道接下来会发生什么事情。

提琴家向大家解释道："这个孩子演奏得实在太完美了，我恐怕没有资格去指导他。起码在这首曲子上，我的表演对他可能只会是一种误导。"

这时候，大家都明白了这位小提琴家的胸襟，台下顿时响起一阵热烈的掌声,送给这位演奏得好的学生,更送给这位小提琴家。

　　小提琴家不顾及自己的面子,勇于接受学生更优于他的事实,让他体现出一种令人赞叹的大师风采。他不受盛名所累,也不被人们的目光限制,更充分地体现出一种极为可贵的真实和谦逊,最终为自己赢得人们热烈的掌声。

　　要面子其实并没有错,但是不要让面子成为自己的一种负累。

　　认真做自己能做的事情,不做勉强的事,因为勉强本身不仅委屈了自己,也委屈了别人,最有面子的人生就是真实状态下有所收获的人生。

　　生活中,每个人都渴望得到他人的认可,但我们不能仅仅为此就给自己套上"面子"的枷锁,让自己负重前行,并使内心承受煎熬。

　　放下面子是一种智慧的选择。放下的是面子,舍弃的是心灵重负,得到的是更为真实,更为自由、快乐的人生。

5. 生气像请客,别人不接受的菜还是你的

　　人非圣贤,孰能无过,人人都有犯错误的时候,不如意的事情也时有发生。面对这些,是选择用怒火点燃战争,还是选择用冷静解决问题,两者产生的效果是截然不同的。

　　下面这个故事,讲的就是面对矛盾与冲突时,两种完全不同的心态是如何解决问题的。

　　一天,有一个婆罗门突然闯进了佛陀的住处,原因是同族的

人都到佛陀这儿来出家了，这让他非常生气。

婆罗门无理地对着佛陀大骂，而佛陀只是在一旁默默地听着。等婆罗门稍微冷静一些的时候，佛陀才开口说道："婆罗门，你家时常有客人来访吧，客人来的时候，你会款待他吗？"

"当然，你这样问是什么意思？"婆罗门不解地问。

"假如客人不接受你的款待，那些美味佳肴该如何处理呢？"

"客人不吃，当然是我自己吃了！"

佛陀笑了笑，又说道："婆罗门，你今天说了我这么多坏话，如果我不接受它，那这些谩骂全都归你自己了。反过来说，如果我也像你一样恶言相向，岂不是与你主客共餐，所以我不接受这佳肴。"

婆罗门听了佛陀的这番话，觉得很惭愧，于是出家佛陀门下，成为了阿罗汉。

对别人生气就像是请客吃饭，如果客人不接受你的款待，这些饭菜还是你自己的，没有谁会来分担，最后全部都要自己来消化。

有时候别人不一定犯了什么大错，只是不小心触及了你的利益，然后你就不分青红皂白地把怒火发到对方身上。通情达理的人，也许还能理智地与之解释，若同样是肝火旺盛的人，想必一场口舌之战便难免了。

如今，很多人总是感叹活得太累了，似乎每一天都生活在疲惫中。然而，有一位古稀老人却悠闲地微笑着，用不太标准的普通话说："做一个好人其实很容易，拥有一个幸福的人生其实也很简单：第一是不要拿自己的错误惩罚自己；第二是不要拿自己的错误惩罚别人；第三是不要拿别人的错误惩罚自己。有这么三条，人生就不会太累了。"

道出"人生幸福三诀"的老人名叫张允和。她的丈夫是著名语言学家周有光，她的妹夫是大文豪沈从文。张允和老人在年轻的时候颠沛流离，也曾死里逃生，而正是人生的苦难与艰辛让她有了这一份豁达与从容。

"不要拿别人的过失惩罚自己"，也许很多人会骄傲地说："我从来不是这样的人。"其实，不用深究，便可以得出这样的结论：每个人都或多或少地拿别人的错误惩罚过自己。

只要是愤怒过、生气过的人，不见得都是出于自己的过错吧？凡是与人斗过嘴、拳脚相向的人，并不见得都是见义勇为吧？如果不是，那都是用别人的错误惩罚自己，甚至是用自己的错误惩罚自己。

所以，遇到了问题不要生气，因为生气解决不了问题，开动脑筋才是解决问题最好的方法；受到欺骗也不要生气，应该去用理智战胜鲁莽，用智慧让欺骗者得到他该有的惩罚；被人误解也不要生气，可以解释清楚的就解释，解释不起作用，就交给时间和事实去证明；与人争辩事理也不要生气，一旦生气就证明自己已经败下阵来，真理不会因为谁大声就倒向谁，反而更容易让别人轻易洞察到你的弱点。

得意时淡然，失意时坦然！

世界纷繁多变，你或许没有力量改变当前的环境，也没有力量去改变其他人，但是唯一可以改变的是你自己。你甚至也无法改变自己的性格，但至少可以改变自己的态度。

用一颗平和的心对待他人，也就是善待自己，何必拿别人的过失惩罚自己呢？

6. 别人太多，不必谁都要去讨好

生活中，可能会有这样的人——他绝对是众人眼中的老好人，每个人说起他来都是点头称赞，对待家人从来都是任劳任怨无微不至，对待自己的朋友也是真诚相待，哪怕他对待一个路上遇到的陌生人，也会尽自己最大的努力去帮助。

他从不会因为自己所受的辛苦和委屈而有任何的抱怨。

这种人似乎很完美，因为他有这么一颗善良无私的心。但是心理学家却认为，这种对他人过分友善的行为可能是一种病态。

工作中，我们肯定有去讨好某个人的时候，特别是在领导面前，行为举止也大多会在意领导的眼光，办公室里常常会上演在老板面前点头哈腰的一幕。

但是那种一味地只想着去取悦他人的人，也要为此付出昂贵的代价。这种人似乎总是处于一种不安全的状态，不相信自己，他们不能承受生活带给自己的压力和失败，而且讨好他人的时间一长，就会越发地感到自己被孤立。

就像巴巴内尔在他的《揭开友善的面具》一书中写道："极端无私是一种用来掩盖一系列心理和情感问题的性格特征。"

工作中讨好他人的手段肯定是需要的，因为一个人能力超群，并不代表这个人就一定能得到老板的青睐，你的能力比他人强只能说明你是一个好员工，一个优秀的工作人员。

老板会赏识你的工作能力，但是会不会器重你还要综合其他因素，比如你的人格魅力。

我的一个朋友小王家里很有钱，大学毕业后，她进了一家贸易公司工作。她自身条件其实很优越，但是因为从小就对出口贸易感兴趣，所以她寻觅了很久，终于入职了这家公司。

刚进公司时，小王表现得异常热情，对每个同事都非常有礼貌。出于对他们的尊重，所以小王每次有什么问题要请教的时候，总会热忱地称对方为"老师"，因为她觉得这是对他人最大的尊重。但是同事们对这个称呼都觉得非常别扭。

有一天，小王为了答谢多日来同事们对她工作上的帮助，决定请他们吃饭。同事们都以为就是普通的饭馆之类，没想到居然是一家五星级的大饭店，这让同事们都面面相觑，惊讶得不行。

结账的时候，账单接近 3000 元，小王二话不说直接付钱，在座的同事觉得这顿饭太贵，都不好意思了。

出了饭店时间还早，小王又说请大家去 KTV 唱歌，但是同事们听了都连连摆手，以各种借口推辞离开了。

在以后的日子里，小王每天都会给同事带来各种各样的小礼物，每次送的东西都不便宜。同事们自然不好意思一直收她的礼物，也不好拒绝，于是只能又买了东西还礼。

渐渐地，小王的这个举动让同事们越来越反感，后来只要小王说要买什么东西大家都直接拒绝了，而且还和她保持一定的距离。

遭到周围人冷落的小王心里十分纳闷，她对每个人都这么好，为什么大家会对她这种态度呢？

其实，小王不知道，工作中重要的不是如何去讨好他人，而是怎样去提高自己。如果你只知道盲目地去讨好周围的人，你反而会失去周围人对你的尊重。

你去讨好这个人的时候，也就证明了你不如这个人。与其这样不情愿地讨好别人，不如将更多的时间花在强大自身上。

讨好他人也需要灵活使用，不是对谁都一味地奉承，你将自己的尊严都丢弃了，还指望谁会来尊重你呢？

这些人会觉得你就是一个没有能力的人，一个只会卑躬屈膝没有自我的人。所以，讨好他人一定要慎重。

7. 你若不爱自己，谁还会爱你

记忆里，总有这样一本书曾陪我们度过一段美好的童年时光，书中那个充满想象力的红头发女孩儿也因此成了我们童年时代的偶像。时间流逝，那本名叫《红头发安妮》的童话故事已被渐渐遗忘。这个故事是这样的：

安妮是个父母双亡的孤儿，她的童年辗转在不同的寄养家庭，进入孤儿院以前，收养她的人家总把她当成劳动力。

在孤儿院里度过了一段短暂又乏味的时光后，她阴差阳错地被绿屋的一对兄妹领养。

11岁的小安妮身材干瘦，长了一头红发，脸上还有不少雀斑，长相并不可爱。一开始她并不讨人喜欢，但像精灵一般的安妮总是有用不完的想象力，她把自己想象成胖乎乎、有两个酒窝的可爱女生，在她的世界里，周边景象的美丽也被无限放大，甚至每呼吸一口空气都无比美妙。

慢慢地，她用自己的善良和乐观感染了身边的每一个人。

安妮就是这样一个在任何境遇下都不放弃梦想和希望的女孩，她自尊自强，通过自己的努力和真诚，得到了绿屋兄妹的喜爱，也赢得了周围人的敬重和友谊。

也许有人会问，安妮为什么能得到所有人的喜爱？

那是因为她从来没有因为命运的捉弄而放弃自己。相反，她爱自己，也爱给她生命的这个世界。

如果我们的心里住着这样一个安妮，生活会不会美妙很多？

现实中，很多人觉得自己像安妮一样不幸，却无法像安妮一样找到属于自己的幸福。是运气所致吗？还是因为不够爱自己？

每个人的生命都是一次旅行。

旅途中会遇见很多人，发生很多事，会受伤，也会愈合。谁都要经历痛苦，谁都要面对生活的不完美。拥有一颗爱自己的心，有了自信的美丽，这美丽将散发在你经过的每一个角落，感染遇见你的每一个人。

也许你不曾发现，许多对你微笑的人，是因为感受到了你微笑的力量，那便是爱的能量。

一个无法爱自己的人，他的人生必定暗淡又苦闷。一个无法爱自己的人，注定要感受周而复始的孤独，更不可能明白如何去爱别人。

如果，你可以坚持每天对自己微笑，每天和自己对话，做自己的朋友；

倘若，你爱自己，坚定地相信自己，能够做到坚毅勇敢——

你一定能成为世界上最幸福的"安妮"！

Part 9：

野心要懂得适可而止：

看淡输赢，人生其实没什么大不了

1.人生短暂，不要在计较中度过

某小品中有句台词："其实人这一生可短暂啦，眼睛一闭一睁，一天过去了；眼睛一闭不睁，这辈子就过去了。"话虽滑稽，但仔细想想，难道不是如此吗？

人生苦短，如白驹过隙，当一个人在弥留之际回眸过去时，他总会有无限的感慨和留恋。确实，我们的人生实在短暂，很多事我们还没来得及做，就已经过了做这些事的年纪。

然而，明知人生是短暂的，却仍有人把大把的时间荒废在无聊的琐事上，浪费生命。曾在网络红极一时的"刘先生"事件中，我们就可以看到典型的虚度人生：

2012年7月18日，网友"天津生活情报"发布了一条这样的微博：前日，广东惠州最高气温达到35℃。10时左右，两名女士因为一人不小心将雪糕擦到另一人身上，在大街上争吵了一个半小时。最后其中一人因中暑头晕倒地，被送进了医院。

目睹了整个事件的刘先生称："我活了42年，她们两个是我见过最无聊的人。"

我们不知道这个网友是以何种心态发布的这条微博，但微博发出之后却产生了一个啼笑皆非的结果，那就是两个吵架的女士没火，围观的刘先生却火了。

甚至还有人学着他的说法，在微博上大搞无聊体，因为大家都认为刘先生其实比那两位吵架的女士还要无聊。

后来据知情人士透露，刘先生其实是被冤枉的，因为整件事情就发生在他店铺的旁边，作为店铺老板的刘先生想不围观也不行。

刘先生自然是"被无聊"的人，两位吵架的女士则确实无聊。一个半小时，用来做什么不好，偏偏要去计较一根雪糕，这着实让人感到悲哀。

不幸的是，生活中令我们感到悲哀的不仅仅只有这两位女士，我们当中的很多人都常陷入计较琐事的泥潭中，从而让生活变得无比枯燥和烦闷。

周末去逛街，王某和张某在商场里碰到了另一个朋友，两人齐齐和她打招呼。但她没理会这两个人，只是低着头走过去了。

王某说："哦，她可能正在想事情，没看到我们。"

张某的第一反应却是："她怎么会这样？太傲慢了吧，故意不理我们。"然后，整个下午，张某都在抱怨这件事。

类似这样的事情，我们每个人身上都出现过。

如果是出现在别人的身上，我们还可以对其进行劝慰，但如果出现在我们自己身上呢？那我们就应该反思一下，自己的心态是不是出什么问题了。

喜欢计较小事，这是很多人都有的毛病。

不计较一件小事，就如一颗小石子落入湖中，泛起涟漪之后很快就会消失。可很多人却偏偏要把它捞起来，再丢下去，再捞起来，然后再丢下去……直到整个生活都因此而发生改变。

也许有人会说，自己并不是爱计较，而是讲究原则。在大是大非的问题上，我们的确应该讲原则，可工作生活中的小摩擦，这些又关乎什么原则呢？

其实，心理学对于好计较的性格早有解释，它认为这是一种心理弱点，表现为吹毛求疵、眼光狭隘。生活里一点小小的疾病、挫折，财物上的一点小损失，别人对自己的不尊重，都很容易让他们心情波动，沉溺其中无法自拔，甚至失去理智。

据一位处理婚姻案件的法官说："大部分婚姻失败的原因，都是因为一些小事情。"某对夫妻，妻子因为丈夫每天都将更换的袜子丢在地上而生气、吵架；另一对夫妻历经磨难才走到一起，最后却因为挤牙膏的方式不同而离婚。

同样，许多刑事类案件归结到最后也都是由一些小事情引起的，比如在酒吧里产生了口角，最后导致多人殴斗。

当我们回头探访那些因为一件小事而身陷囹圄的人，问他们是否为自己的行为感到后悔时，他们会悔恨自己的幼稚与冲动，发誓如果再给一次机会，一定不去计较那些小事。

第二次世界大战时，美国海军潜水员戴维斯·琼斯在太平洋执行潜水任务，因为突遭日军舰队深水炸弹的袭击，他一度陷入死亡的边缘，最终在坚持了 15 小时之后，他被自己的战友救起。

事后琼斯回忆说："15 小时好像有 15 年那么长。我过去的生活一一浮现在眼前，那些曾经让我烦忧过的无聊小事更是清晰地浮现在我的脑海中——爸爸把那个不错的闹钟给了哥哥而没给我，我因此几天不跟他说话；结婚后，我和妻子常为一点芝麻小事吵架……可是，这些令人烦忧的事，在深水炸弹威胁我生命的时候，都显得那么荒谬、渺小。当时我发誓，如果还有机会再重见天日，我将永远不再计较这些小事。"

在生与死的边缘，琼斯真正领悟到了人生的真谛。

与脆弱的生命相比，没有什么是真正值得计较的。为小事生气，将导致我们错过生活中美丽的风景，这何尝不是在降低我们生命的质量呢？

幸福本身很简单，不在于拥有得多，而在于计较得少。计较得少了，心就宽了，便有心情和时间去好好欣赏这个世界了。

婚姻里有这么一句话：睁一只眼，闭一只眼。把它扩展到人生中也同样适用。对生活中发生的每件事都寻根究底，那完全没有必要。我们的生活不是科学研究，有些鸡毛蒜皮的小事，就算弄得清楚，又有什么价值，你完全可以撂下不管。

小事化了，才能真正品味到生活的乐趣，也才能集中心思和精力去处理大事。

为别人一个无意的眼神难受，为一句无心的话疑心，不如睡个觉就把它们忘记。

不去计较那些琐碎的小事，你会发现生活正在变得美好。

2. 得到或者失去，都不会影响心灵的安定

我们知道，获得使人喜悦，失去使人沮丧。我们也知道，有成败共存，得失相依。人在成之喜悦中纵情欢乐，但在失之哀愁时，却很难将情绪合理排遣。

电影《大腕》中讲述的是北京青年尤优为国际大导演泰勒承办葬礼的故事。

因缘际会，尤优认识了国际名导演泰勒，并得到身体每况愈下的泰勒的承诺，替泰勒举办一场别开生面的葬礼。

为了把葬礼办好，尤优找到好友路易王。在路易王的策划下，两人将泰勒的葬礼完全办成了一场捞钱的表演。

就在葬礼即将举办、两人即将成为百万富翁之际，却得到了泰勒病情好转的消息。尤优为此躲进了精神病院，路易王更是因受不了这样的刺激，一下子疯了。

电影终归是表演，但道理却很现实。我们的生活中充满了赢得起输不起的人，这些人在成功时不懂得收敛，纵情声色，失败后又不懂得调节心绪，一蹶不振。

这样的人即便是一时成功，也很难保护好自己的成就。

那么一个成熟的人应该怎样看待成败呢？《庄子》里有言："得

而不喜，失而不忧。"得到了不必狂喜狂欢，失去了也不必耿耿于怀、忧愁哀伤。保持一颗淡定超然的心，也只有如此，才足以做大事，才有能力享受天赐的成功人生。

得而不喜，失而不忧，这是一种非常高的人生境界。拥有如此人生境界的人，相信无论是处于铁瓦金銮的朝堂，还是处于茅顶土坯的江湖，都能够泰然处之。

古代著名的医学家李时珍就是一个这样的人。

李时珍，蕲州人（今湖北省蕲春县），明武宗正德年间生，因为家中世代行医，李时珍自幼就有了良好的医学基础。

后来李时珍成了一名太医，在太医院，他见到了人世间最富贵繁华的景象，接触到许多显赫高贵的人，但这一切并没有令他沉醉，他更明白自己的追求——成为一名好医生。

离开皇宫之后，李时珍本可以过着富贵的生活，但他没有那样做。他选择深入民间，到那些最贫苦最卑贱的人当中对他们嘘寒问暖，救死扶伤。

从朝堂到民间，从太医到乡土郎中，李时珍没有任何的不快，一心一意地对待每一个病人，刻苦钻研每一味药方，亲自尝试每一种草药。

几十年如一日的坚持，终于让李时珍实现了自己的抱负，他编撰了中华历史上最伟大的医书《本草纲目》，并因此载入史册为后世所敬仰。

人之所以会重视自己的得失，是因为将人生是否成功，完全与物质的得失等同起来。

比如说，租房的人觉得有房的人比自己幸福，有房的人觉得住别墅的人比自己幸福，而住别墅的仍觉得房地产商比自己幸福。

就是这样，每个人都感觉自己不太幸福，故而都拼命地去争取更多，让自己的生活更加"幸福"。

然而，物质的增加永远都不会让我们的心灵得到满足，反而会让我们受到物质的负累。

佛家说"贪、嗔、痴、慢、疑"是五毒，论起对人心智的伤害，物质的贪婪是第一位的。

一个贪婪而又没有自控能力的人，即便获得成功也无异于饮鸩止渴。

一个过着简单生活的人，未必不快乐充实，然而某天他中了百万大奖，欲望之门也随之被打开。

他不再精打细算地过日子，而是整天为去哪些高档餐厅而发愁；他不再为每天上班几点出发才能赶上公交车而焦急，直接买了一辆轿车堵在路上，他的生活完全改变了。

不久之后，过度膨胀的欲望，使钱慢慢被挥霍而空，他再次回到清贫的日子。可他的心，却再也感受不到以前那种简单的快乐了——他吃过了山珍海味，就不想再吃萝卜白菜；他坐惯了轿车，就不想再挤回公交车。但山珍海味和轿车已经成为过去，他只能陷入现实的苦恼中无法自拔。

其实他的苦恼完全是自找的，试想，如果他一开始对暴富保持一种平和的心态，又怎么会有这种情况发生呢？

我在一篇文章中就看到了一个心态很好的人：

某机关一个小公务员，一直过着安分守己的日子。有一天，他闲来无事用两元钱买了一张彩票，没想到真的中了大奖。因为平时喜欢跑车，于是他用奖金买了一辆跑车，整天开着车兜风。

然而有一天不幸降临，他的车子被盗了。

朋友们得知消息后都怕他受不了这一打击，便一起来安慰他。看着前来安慰自己的朋友们，他却哈哈大笑说："如果你们中有谁不小心丢了两块钱，会悲伤吗？"

众人面面相觑。他接着说："我用两块钱买了彩票，然后得到了车，现在车丢了，不就是两块钱的损失吗？"

一反一正，这位小职员的心态值得我们所有人学习。

其实，人生的荣辱都是做给别人看的，跟自己并没有太大关系。只有自己过得幸福，那才是人生的真谛。

用这种宁静平和的心态对待人生的起伏，那么无论是得还是失，我们都能够描绘出美丽的人生篇章。

3. 每个人都可以决定一杯水的味道

一杯水的味道，可以由人决定。但是很多人握着主动权，却因为自己的某些执念，终留遗憾，这都是因为他们不懂得为自己的心灵留一点空间。

人的心容量有限，填得太满，就再也塞不进别的东西，勉强塞进去，不是看上去庞杂，就是走进去拥挤，自己有的时候想想，也觉得烦闷不已。

一个小和尚事事精益求精，对人坦诚认真，但却经常得罪别人。

很多人都劝他说："做人别那么认真。"小和尚不明白自己到底做错了什么。

师父对他说："你去拿一杯清水来。"

小和尚拿来一杯清水，师父吩咐他加一勺糖，尝一尝，然后问："甜吗？"

"甜！"小和尚说。

"那你再加一勺，再尝一口，还甜吗？"

"甜，有点腻。"小和尚说。

"再加一勺，再尝。"

"不甜了，有点苦。"

"你看，如果不能恰到好处，甜水也会变成苦水。做人做事也是这样，没有恰到好处，就会失去最好的味道，现在你明白了吗？"

我们都看过国画，中国国画与西方油画不同，西方油画每一寸画布都被浓重的油彩涂满，以色彩吸引人的眼睛；国画却常常是一张白纸上，山水花鸟点墨其中，其余都是留白。

这种留白，给予人们极大的想象空间。

以国画大师齐白石最擅长的虾为例，齐白石画虾活灵活现，旁边不必画出水波气泡，人们自然能根据虾的形态，想象一番碧波荡漾的情致，或清水小石潭的悠闲。

留下的空间越多，画的延伸性就越足。

生活中，我们做事也要讲究"留白"。

为什么那些有智慧的人总是让人感到"游刃有余"？就是因为他们不把事情做满，说话也会留上三分。做到，皆大欢喜；做不到，也不会让人太过失望埋怨。

为一个计划做出几手准备，即使发生变数也能应付自如。

曾在一本书中看到过这样一个故事：一天，弟弟接到哥哥的书信，说要来弟弟家做客。

弟弟看了大喜，在哥哥到来的前一天，他一大早醒来，给了儿子一张物品清单，让儿子去集市买些新鲜食材。

儿子知道伯伯要来，也很开心，赶着驴子出了家门，说一个时辰肯定回来。

一个时辰之后，儿子没回来。两个时辰后，儿子还是没回来。父亲左等右等后不禁开始担心：难道儿子出了什么意外？

他和妻子不放心地出去找，在附近的一座独木桥上，看见了儿子牵着驴，驴背驮满货物。儿子对面站着一个小伙子，也牵着驴，两个人大眼瞪小眼，谁也不肯让谁一步，不知已僵持了多久。

"糊涂虫！"父亲骂道，"你让他一步，不过耽误一分钟，就因为你不肯退让，已经耽误了一个时辰，你还准备误多久？"

两个孩子都觉得很惭愧，马上各自相让。

妥协是人际关系中最好的润滑剂。

争吵时，如果有一方愿意说："你说得有一定道理，只是和我的想法不同。"剑拔弩张的气氛立时就能缓和。

多数时候，人与人之间其实只是观点不同，没有谁对谁错，但有些人偏偏喜欢步步进逼。在他们看来，退步就是认输，自己并没有错，为什么要退？与其说他们过分在乎自己的观点，不如说他们过分在乎自己的面子。

还有些人做事时总有点小聪明，爱给自己留一手，且为这种事沾沾自喜。你给别人留一手，别人自然也要跟你留一手，甚至留几手，双方如果不能坦诚，就会顾虑重重，合作空间则越来越小。

有的人也很坦诚，但坦诚还可能带来争执，这时候，不妨再大度一点，学会如何对他人妥协。

妥协能够双赢。人与人之间争执不休，在于他们要争取各自利益。没有人能够百分百得利，要在有限的空间中生存与发展，就需要向对手退让几步，互不对抗才能各自顺畅。

事实上，让利的结果并不是亏损，有的时候会带来更多的合作机会，让自己发展得更快，对手亦然。这就是双赢。

天海之无垠，给人以辽阔无尽之感，这是巨大的空间，体现出大自然的襟怀。人和人的相处亦然，心胸宽广，不计较旁人的失理，即使利益问题，也肯退步，别人自然也会投桃报李，双方之间的空间就会不断增大。

想要海阔天空，空想没有用，先要打开自己的心去接纳，狭小的空间里生长不出参天大树。

4. 自然界里的喷泉，喷发的高度不会超过它的源头

面对同样的事，为什么有的人能够应付自如，轻松潇洒，而自己却总是力不从心，屡屡受挫？

其实，那些洒脱淡定的人，并非无可挑剔才拥有不菲的成就，而是由于他们对"进退"的把握张弛有度。当面临"不可进"的情形时，他们退后一步，换个角度想办法使自己前进。这样一来，成功就不那么复杂和困难了，而我们的人生也免得纠结了。

一位登山运动员参加了攀登世界第一高峰——珠穆朗玛峰的活动。我们知道，珠峰最高海拔为八千多米，但这位运动员在爬到六千多米的时候，身体出现了不适，放弃了攀爬。

面对快要登顶的他，很多朋友都为其深表遗憾，这个说："哎

呀，你都已经走了四分之三的路程了，你为什么要放弃呢？"那个说："如果能咬紧牙关挺住，再坚持一下，或许也就上去了。要知道，有多少人梦寐以求站在珠穆朗玛峰上啊！"

这位运动员却不以为然，他平静地对大家说："我心里很清楚，6000多米对我来说已经是我登山生涯的最高点，根据我当时的身体状况而言，那已经是极限了。如果我再继续爬，那么很可能会丧失性命，难道我会和自己的生命开玩笑吗？所以，对于中途退出，我一点都没有感到遗憾。"

这位运动员的话确有道理。当我们到达一定程度，极难前进，或再往前走会万劫不复时，不妨退一步，这才是明智的选择。

换句话说，万事或许都有自己的极限。我们不能掰着柳树要枣吃，也不能明知山有虎偏向虎山行。虽说突破自我很有必要，但是这种突破不能建立在鲁莽和无知之上。

美国总统林肯曾经说过这样一句话："自然界里的喷泉，其喷发的高度不会超过它的源头。"这句话的意思就是，事物本身存在着突破口，但并非任何人都能够穿过突破口，创造极限。

也就是说，每个人都有承受的极限。

案例中的这位登山者，他懂得自己的生命所能承受的极限，因此淡然自若地做自己能做的事。这样做，谁又能说他不是一位胜利者呢！

"当行则行，当止则止"，告诫我们的正是这样一个道理。

聪明的做法是，我们要及时了解自己的能力，承认自己的不足。在此基础上，我们才能做到量力而行，不莽撞，不遗憾。

幼年时期的格里格·洛加尼斯是一个十分害羞的男孩，又因为他说话有些口吃，所以在阅读与讲话方面不尽如人意，一度被归为差生的行列。

不过，洛加尼斯却是一个很聪明的孩子，小学没毕业的时候，他就发现了自己在运动方面天赋过人。

认清这点后，洛加尼斯不再因成绩不佳而自责，他开始专注于舞蹈、杂技、体操和跳水等锻炼。

经过努力，他果然开始在各种体育比赛中崭露头角。

升入中学后，洛加尼斯发现自己有些力不从心。因为无论是舞蹈、杂技、体操、跳水，都需要辛勤的付出，他不可能有这么多的时间和精力，这些事情他仅能做到就差不多了，离优秀还有一段距离。

后来，在恩师乔恩——前奥运会跳水冠军的指点下，洛加尼斯认识到自己在跳水方面最有天赋，便开始进行跳水的专业训练。

经过长期的努力，洛加尼斯终于取得了骄人的成就：16岁成为美国奥运会代表团成员，28岁时已获得6个世界冠军、3枚奥运会奖牌、3个世界杯和许多其他奖项；1987年作为世界最佳运动员获得欧文斯奖，达到了一个运动员荣誉的顶峰。

我们为洛加尼斯感到庆幸，他没有一味地在某一方面和自己较劲，而是另辟蹊径。

不难想象，如果他坚持在学习上与人竞争，那么到现在他或许也只是个普通人。幸运的是，他懂得取舍、懂得退让。

由此可见，无论我们身在校园还是职场，都不要认死理，适当地退一步，或许就能看到新的前进道路，因为条条大路通罗马。

只要我们能发掘并发展自己的长处，那么就能收获内心的充实和坦荡，拥有"非同寻常"的人生之旅，这样的人生才称得上精彩绝伦，不是吗？

5. 天空留不下我的痕迹，但我已飞过

我们面对生活常常会禁不住感叹："人活着真累！"

似乎在一些不顺心的日子里，我们总感觉到生活毫无乐趣可言，于是不由自主地抱怨生活给予的磨难、命运的不公，也会责怨上帝的偏袒，就是无法坦然地面对自己的人生。

那么，什么是坦然呢？

坦然是失意后的一种乐观；坦然是沮丧时的一种自我调整；坦然是来自平淡中的一份自信；坦然是面对人生百态时的一种潇洒；坦然是发自内心的一份快乐。

生活就像是一面镜子，当我们对它笑，它就会回我们以微笑，当我们对着它哭泣，它也会哭丧着脸面对我们。

生活中的种种不顺心以及令我们痛苦的事情，多数是因为我们自己的心态消极，使我们始终无法释怀。

其实快乐很简单，只要胸中多一份坦然，意念里多一点淡定，人生就可以充满鸟语花香，还可能在那份坦然中收获惊喜。

爱迪生在发明电灯泡的时候，先后做了一千五百多次试验都没有找到适合的材料。于是有人嘲笑他说："爱迪生，你已经失败一千五百多次了，难道你还要继续失败下去，等着接受众人的嘲笑吗？"

爱迪生并没有恼羞成怒，也没有因此听了这人的话垂头丧气，而是十分坦然地回答那个人："您说得不对，我并没有失败，我

的成绩就是发现了一千五百多种不适合做灯丝的材料。"

爱迪生面对他人的讥嘲不温不火，在面对失败的时候仍以一份坦然的心态去面对，于是他终于将电灯点亮。

如果我们的人生中，正在经历着一些失败，遭遇着一些挫折，或者我们的心正为一些事情而煎熬，那么请不要因为失望而放弃，坦然去面对，这份坦然足以让我们重新找回对生活的希望。

哭，不代表屈服；让步，不表示认输；放手，不是宣告放弃。

1816 年，林肯和他的家人被赶出家门，他必须外出工作来维持家计，那时他只是一个 7 岁的孩子。在后来不到两年的时间里，他的母亲离世，工作也一度失败，生活十分困苦。

1832 年，他参选了州议员，但遗憾落选，同时还丢了自己赖以生存的工作。他不得不四处借钱，希望通过经商来改变窘状。

但是命运又给了他重重一击，他生意惨淡，不到一年就赔得身无分文，负债累累。

之后他再次参选州议员，这次终于得到了命运的垂青，他成功当选。

在 1860 年，他终于迎来了事业的巅峰，成为美国总统。

他的人生失败了 35 次，成功仅 3 次。

他说："此路艰辛而泥泞，我一只脚滑了一下，另一只脚因此站不稳。但我缓口气，告诉自己，这不过是滑了一跤，并不是死去而爬不起来。"

正是因为他有这样的胸怀，才能在失败几十次之后还记得鼓励自己站起来，勇敢地向前看。

多次努力，多次失败，无疑会大大挫败我们的信心和勇气，可见林肯失败了 35 次之多，还能让自己一直坚持到最后，那该需要多大的毅力。

　　失败总是让人有些措手不及，但是却常常是因果所致，因而我们需要能正视自己的失败，看懂那些惨痛的经历并从中找到原因，予以更正。

　　流光溢彩的世界正不断吸引着人们的眼球，使人们的目光集中在物质上，以至于心灵变得空虚浮躁。该如何摆脱那些让我们困惑和不快乐的事，寻求一种内心的平静呢？最好的办法就是减去那许多的牵绊，让自己的心中多一份坦然。

　　"天空留不下我的痕迹，但我已飞过。"这就是对坦然最好的诠释。

6.忙里偷闲，且喝一杯茶去

　　有句话说："再长的路，一步步也能走完；再短的路，不迈开双脚也无法到达。"

　　偷闲可以让我们走出樊笼得到出乎意料的畅快；偷闲可以让我们在繁忙中体会到无法比拟的舒心；偷闲也能够让我们在疲惫之时享受到全身心的放松。

　　忙里偷闲，是为了更好地忙。就好像是将自己置身于维修站中，修整已经不堪重压的身躯，甩掉那些挂在心灵上的大小包袱，为自己充充电，接着轻装前进。

　　忙里偷闲也像是加满油箱，填补动力，为了走得更远。

　　在一家饭店门前有这样一幅有趣的对联：为名忙，为利忙，忙里偷闲，且喝一杯茶去；劳心苦，劳力苦，苦中作乐，再斟两壶酒来。

我们常感叹自己活得太辛苦，因为我们的眼睛总是喜欢紧盯着上面，常以物质的丰足、名利的高低作为衡量幸福的标准。

可是当我们真正拥有了金钱、名利以后，并不一定能感受到幸福的滋味。

为了维持自己所谓的幸福，我们依旧得不停地忙碌、奔波，却始终无法得到理想中的幸福。

岁月可以消磨我们的雄心，当迟暮之年蓦然回首才发现，真正能让我们感到幸福的，其实是当下那份实实在在的拥有，就好像是忙里偷闲的一杯茶，苦中作乐的两壶酒。

有一次，我在约旦旅游，到一个小镇去寻找古遗址。但走了两周都是荒漠，赶了一段很长的路，也没有看到尽头。

当时，我一心想尽快到达目的地，一路上只顾埋头走路，眼看就要到达终点了，我终于松了口气。就在这时，我感觉到自己的鞋子有一粒小石子磨得双脚很不舒服。

其实，我刚开始赶路时，就感觉到那粒小石子在鞋子里硌得脚疼。但是那时一心赶路，不想停下浪费时间，索性就不去理会。

直到快到终点，才舍得停下疲惫的脚步，心想快要到了，还有多的时间，于是脱下鞋子，把那粒小石子从鞋子里倒出来，让自己轻松一下吧。

就在我弯腰准备脱鞋的时候，眼睛不经意间瞄向了路两边，竟然发现沿途的荒漠和凄凉的景色异常美丽。而这一路走来，匆匆忙忙，压根儿没有留意到，这一路，怕是错过了不少美景。

我脱下鞋子，将那粒小石子拿在手中，不禁感叹道："小石头呀！原来这一路不停地刺痛我的脚掌心，是为了提醒我慢点儿走，留意生命中的美好啊！"

我有了这粒小石子的提醒，总算能够及时得以醒悟。那么，同样生活在尘世中的人们呢？

都市紧张繁忙的生活中，人们都像上足了发条，在城市的快节奏中步履匆忙。我们每天忙着处理各种事务，忙着满足自己的各种欲望，花费大量时间和精力把从物质世界赢来的一件件物品堆砌起来，看着不断增多的胜利品，以为这就是幸福。

然而，大多数时候，我们进入的只是另一个现实世界，里面满是比较、茫然、疲惫、烦恼，甚至绝望，唯独缺少拥有后的快乐和满足。

于是我们困惑了：难道这一切就是我们苦苦追求得到的结果吗？为了追寻心中所谓的幸福，这一路上我们从不敢停歇，生怕脚步一慢下来，就会拉开与幸福的距离。

每一天，我们都行色匆匆，来不及欣赏城市的美景，甚至与亲人朋友相处的时间都越来越少。等我们终于把所追求的一切纳入怀中时，却发现或许已经错过了真正的幸福。

我们像一只被自己的欲望劫持的船，眼里只有目标，只有彼岸，全然忽视了河岸两边美妙的景致。这样的人生难道不觉得乏味吗？

偶尔放慢脚步，轻轻地走过每天的必经之路，安静地欣赏路边的一树一花，拉着爱人的手回家，好好欣赏周围的一切，也许苦苦追寻的幸福就躲在转角。

每一次有奇特的天文现象发生，人们就会将其当做不可错过的焦点。如果天上的星星都只出现一次，会有什么事情发生？人们一定都会出去仰望，每个看过的人都会大谈特谈看到的景象多么神奇壮观。

当然，这只是我们想象出来的话题。

如果星星真的只出现一次，那么我们一定不愿错过这难得的美景。而事实上，星星几乎每晚都出来装点夜空，面对这熟悉的风景，我们很久不曾抬头去看一眼。

正如罗丹所言："生活中不是缺少美，而是缺少发现美的眼睛。"我们根本不必费心地四处寻找，美本来就随处可见。

给忙碌的自己放个假，从记忆深处找出那些没有压力、使你感到愉快的经历。在回忆中慢慢安静下来，你会发现，这个让自己安静下来的过程，本身就是一种乐趣。

把平日里的烦扰和压力丢在一旁，用心静静体会快乐的感觉和幸福的滋味，或许那种快乐和幸福都是淡淡的。但你要相信，能被珍藏在记忆深处，它们一定是真正的快乐。

抛去欲望和执念，耐心地等待静谧时刻的到来，心静下来了，浮躁的心情也开始远去，随之而来的是一份舒适自在。

我们周围常会有这样的人存在，他们工作勤奋、努力，但是脾气暴躁，他们只顾匆匆赶路，从不欣赏路边的风景和周围美好的事物。久而久之，他们只会工作不会生活，变得越来越不幸福。

不幸的是，这样的人似乎越来越多了。

在当今这个高速运转的快节奏社会里，人们常常因为走得太快而错过很多美好的风景，失去一份生命的美好留念，多么得不偿失呀！

无论你的目的地在哪，都要记得：偶尔放慢脚步，静下心来看看沿途风景，因为有时候，幸福就是躲在安静背后的一道风景。

7. 不能延长生命的长度，那就扩展它的广度

"要么你去驾驭生命，要么是生命驾驭你。你的心态决定谁是坐骑，谁是骑师。"这句名言在许多人心里被奉为经典，它充分说明了心态的重要性。

不夸张地说，心态决定一切。这不是唯物主义和唯心主义的辩题，而是切切实实存在的道理。

世间众生，原本并没有太大的不同，可是为什么有人成功，有人落魄呢？除去先天条件、运势、环境等外在条件外，大多数失败者与成功者在思维方式上有着很大的差别。

怀有远大抱负的人，往往内心坚定，意志顽强，他们相信只要自己不放弃，一直努力，就能获得成功。

而对那些意志薄弱、优柔寡断的人来说，偶尔的挫折是可以忍受的，但如果总是遇到障碍，他们就会很快坚持不下去。因为他们缺乏积极的心态，一遇到困难首先想到的是质疑、动摇自己的想法，并非克服困难的办法。

俗话说，狭路相逢勇者胜。在与困境的较量中，考验的就是你有没有一个勇敢坚定的好心态，如若没有，你可能一上来就会自乱阵脚，更别提突破困境，傲然胜出了。

任何事情都不会无缘无故地发生，成败与否就在于我们的思想、心态能否为我们创造恰当的条件。

我们做事情的结果，往往与我们对事情的认识以及心态相一

致。为了有所成就，我们应该保持积极、富有创造性的思想，对事情有准确的心理预期，在执行过程中不被消极、沮丧的坏情绪占领头脑，用好的心态为自己扭转局面，创造成功。

佛经里谈到，"物随心转，境由心造，烦恼皆由心生"。一个人快乐与否取决于他的心态。

月有阴晴圆缺，人有悲欢离合。生活中的喜怒哀乐、悲欢离合在所难免，我们不能控制自己的遭遇，但可以调控自己的心态。

有一位塞尔玛女士，她的内心一度彷徨，觉得生活很无趣。

由于她的丈夫是一名军人，她也随军驻扎到沙漠地带。

营地里都是铁皮房，没有任何娱乐设施，与当地的印第安人、墨西哥人语言也不通。沙漠里的气候也恶劣，气温高时似乎能榨干人身上的水分。

更糟的是，没多久她的丈夫就奉命执行任务去了，把她孤零零地留在营地独自煎熬。于是她整天愁眉不展，感觉度日如年。

郁闷中，她写信向父母倾诉。

回信很快到了，她迫不及待地拆开，却没有看到所期盼的任何安慰。信封里只有一张薄薄的信纸，上面只写了一句话：

"两个人从监狱的窗户往外看，一个看到的是地上的泥土，另一个看到的是天上的星星。"

一开始她失望极了，甚至有几分生气。因为她觉得父母不仅没有理解她的苦衷，还说这样莫名其妙的话，于是她没有回信，把信随便丢在桌子上。

有一天百无聊赖中，她站在窗边往外看，一眼就看到了外面让她心生厌恶的沙漠。随即灵光一现，她突然明白了父母回信的意思。

外面的风景有很多，她只注意到了枯燥乏味的东西，而忽视了有意思的景象。正是她的选择，影响了她的心理，继而影响了她对整个事情的看法。

要是换一种心态，换一个视角，看到的一定是不同的景象。

她这么想着，也开始这么做了。这之后，她开始主动和当地人交朋友。虽然最开始只能靠手势比画，但她还是发现这些人并不像她想象的那样粗鲁无礼，慢慢地都成了朋友，还送给她许多珍贵的陶器和纺织品作礼物。她开始到营地周围的沙漠里去散步，研究那里的仙人掌，一边研究，一边做笔记。

通过研究她发现，原来仙人掌也可以是千姿百态、让人沉醉着迷的。那些仙人掌在恶劣的环境下仍然能茁壮成长、生生不息，这让她觉得很震撼，也对生命多了一分思考和敬畏。

欣赏沙漠中的日出日落，看到了沙漠夜间静谧浩瀚的星空，感受着沙漠特有的自然风光，她发现生活仿佛一下子翻到了充满快乐的那一页，每天都充满了生机。

后来她回到美国，根据自己的这一段经历写了一本书，叫《快乐的城堡》，并轰动一时。

事情就是这样令人费解。

对塞尔玛女士来说，前后仿佛是在不同的世界生活：一个枯燥乏味、充满折磨，一个风景优美、快乐活泼。

事实上，塞尔玛女士所处的环境并没有发生改变，沙漠、铁皮房、高温、仙人掌、当地人等，都还是原来的样子，那为什么她的行为和心情前后发生了这么大的改变呢？

是她的心态变了，因而眼中的一切都变得可爱起来了。过去她习惯性地低头看泥土，选择事情消极的一面；后来她习惯性地抬头找星星，选择了事情积极的一面。可见，心态变了，生活就能发生改变。

所以当你不满意自己的环境，力求改变时，首先就要改变自己的心态。积极的心态是心智的健康营养，能让人改变自我、改变世界。

我看到过这样一个故事：粉刷匠去一位太太家里粉刷墙壁。

男主人是个爽朗健谈的人，可惜双目失明，粉刷匠对此觉得很惋惜。可是男主人却好像丝毫不在意，每天都有说有笑，他们家里总是充满了欢声笑语。粉刷匠的工作也进行得很开心，他和男主人很谈得来，谁也没提起过失明的事儿。

完工结账的时候，那位太太发现账单在原本说定的价钱上打了很大的折扣。她问粉刷匠："怎么少收这么多？"

粉刷匠回答说："你先生使我觉得很快乐，他的心态影响到了我。我从前总是喜欢怨天尤人，现在我才发现自己的境况没有那么糟。所以少算的那一部分，是表达我对他的谢意。"

那位太太感动得流下了眼泪，因为这位慷慨的粉刷匠，只有一只手。

故事中的两位主角都很值得我们钦佩，他们没有因为人生的苦难而抱怨，身残志坚，健康积极的心态如阳光一般，照亮了自己的生活，也照进了别人的世界。

有言道：你不能延长生命的长度，但你可以扩展它的广度；你不能改变天气，但你可以左右自己的心情；你不可以控制环境，但你可以调整自己的心态。好的心态，可以让你乐观豁达，帮你战胜困难挫折，保持生理和心理的健康。

培养一个好的心态，在它的指引下尽情书写自己的人生吧。

Part 10：

幻想要懂得适可而止：

　　把握当下，学会欣赏今天的美好

1. 清扫内心的灰尘，为心灵绘制微笑

有这样的一句话："在生命之旅中我们必须拥有这样的一种风度：失败与挫折，不过是一个记忆、一个名词，它们不会增加生命的负重。带着伤痕把胜利的大旗插上成功的高地，在硝烟中露出自豪的笑容，才是人生又一份精彩……"

这是面对生命，面对挑战和苦难时的一种坦然，一种笑对人

生的态度。

为心灵画一个笑脸，前路就不会如想象中那般漫长且烦恼。

将人生道路中的困难看做是一种考验，即使跌倒，也不因惧怕疼痛而轻言放弃。不因为生活中的意外叹息，也不会随便给自己的生活增加负担。

懂得给自己绘制笑脸的人，悲观失望将无法主宰他的人生。人生需要减负，就要擅长为生活做减法。

二战期间，有一名叫伊丽莎白·康黎的女士失去了她唯一的儿子。丧子之痛让她人生心灰意冷，准备去乡下了此余生。

但就在她准备行装之时，无意中发现了儿子生前写的一封信，信中有这样一句话："无论身在哪里，不管遇到什么样的灾难，我都要勇敢地面对生活，就像真正的男子汉那样，用微笑承受一切不幸和痛苦。"

儿子的这段话如一颗炸弹，在伊丽莎白·康黎的心灵深处炸开。她想到，一定有很多像她一样的母亲在战争中失去了儿子或亲人，他们的心情一定也和她一般。于是，她放弃默默了此余生的念头，提笔在纸上写出了自己的所有真情。

最终，她成为了一位知名的作家。

伊丽莎白·康黎之所以能够重新勇敢乐观地生活下去，是因为儿子信中的语言给了她鼓励。她明白人生不可能一帆风顺，既然逝去的已经无法挽回，为何不珍惜现在呢？

于是，她在自己的心上绘制了一个笑脸，从此活出了精彩。

一个内心阴暗的人，他的人生是寂寞而沉重的。因为阴暗的心灵会让他们计较太多，会让生活变得沉重而杂乱，无法体会到幸福的感觉。所以，让心摆脱阴暗的纠缠，为心灵画一张笑脸，是我们获得幸福的最佳选择。

为心灵画一张笑脸，拥有一个乐观向上的人生态度；为心灵画一张笑脸，让自己拥有一份面对艰难困苦的勇气；为心灵画一张笑脸，拥有一份面对人生的平和。

握紧希望与梦想，苦难的生活终能绽放出最美的花。

不让沉重为人生代言。如今的人们，为了能够过上理想的生活，倾其所有为幸福奋斗，却同时将压力和包袱加在了身上。因而人们感叹人生不容易，抱怨压力太重……生活需要我们懂得自我减压，过重的负担只会让我们失去活力。

我们知道，不管是哪种笑容，似乎总拥有一种神奇的力量。心灵绽放的笑脸，足以让我们面对一切时处变不惊。

这微笑是一种释然，也是一份淡定，再烦恼的事在微笑面前也会变得云淡风轻。

在一本正能量的读物中看到过这样一个故事：李欢最近很沮丧，一连串的打击让她觉得活着简直是一种煎熬。

先是在公司进行的升职考核中，李欢取得了优异的成绩，却被一个公司某领导的侄子占据了她梦寐以求的职位；后来苦追自己三年，已经向她求婚的男友忽然提出了分手，说是他另有所爱了。

职场失意本就心中郁闷，李欢没想到自己情场竟然也失意了，顿时觉得人生没了方向，于是向公司的老总请了一周的假，打算躲起来疗疗伤。

一天傍晚，她正在广场上转悠，忽然看到一个小孩子拿着粉笔在地上不停地画着笑脸。于是她走上前去，问那孩子为什么画那么多笑脸。

孩子说，老师告诉他，不快乐的时候就要为自己画个笑脸，那样就会快乐。刚刚妈妈和爸爸吵架了，所以他画很多的笑脸，希望爸爸和妈妈快乐！

李欢忽然想开了，假期还没结束她就回到了公司，一改之前的沮丧，又变成了一个积极向上的职场精英。

正如故事中所说，"为自己画一张笑脸，那样就会快乐"。快乐地面对人生，剔除生活中的牵绊，希望的阳光自然就是心中唯一的存在。

2. 随遇而安，笑看门前花开花落

《倚天屠龙记》的片尾曲《随遇而安》让人记忆深刻：万般恩恩怨怨都看淡，不够潇洒就不够勇敢，苦来我吞酒来碗干，仰天一笑泪光寒，滚滚啊红尘翻呀翻两翻，天南地北随遇而安……

随遇而安，人们大都很喜欢这个词。一个人无论是深入侯门，还是隐于草泽，都总能淡定自若地对待人生，这该是多么潇洒啊！

想来古代侠客也正是有着这种"苦来我吞酒来碗干"的"天南地北随遇而安"，才能看淡生死，笑傲江湖吧。

随遇而安，是无论身处怎样的环境，内心总能淡定如一，不因外物的好坏而改变心境。就如同一粒生命力顽强的种子，无论土地是肥沃还是贫瘠，都能开出鲜艳的花朵。

寺庙的后院，光秃秃的土地正暴晒在炎热的阳光之下，这番光景着实让人心焦。于是，小沙弥跑去请示老和尚，想要给光秃秃的土地增添一点生气："师父，让我给后院撒上一些草籽儿吧，那光秃秃的土地实在太难看了。"

师父赞许地看着小沙弥说："可以，等天气凉快一点儿吧！"

转眼间中秋到了，小沙弥拿着自己采集的草籽儿兴高采烈地跑到了老和尚的禅房，让老和尚和自己一起去撒籽。

当小沙弥在后院打开草籽儿袋子刚想撒籽时，一阵秋风却把草籽儿吹散了，随即不知道飘到了何方。小沙弥急得喊了起来："师父，不好了，许多草籽儿都被风给吹走了！"

看着小沙弥着急的模样，老和尚不动声色地说："没关系，留下来的才是最好的，风吹走的大多是空壳，种下去也不会发芽，随它去吧！"

小沙弥听完师父的话，开心地把剩下的草籽儿播种下去。可谁知刚刚撒下草籽儿，又引来了一大群麻雀。

小沙弥急得直跺脚，并大叫起来："师父，不好了，刚刚种下的草籽儿都让麻雀给吃了，这下可完了。"

师父和颜悦色地说："不用担心，麻雀吃去的只是一小部分，那么多的草籽儿，麻雀是吃不完的，顺其自然吧！"

当天夜里，忽然下了一阵暴雨。小沙弥早早地起来去看昨天种下的草籽儿，看后马上返回去找老和尚，说："师父，这下可完了，草籽儿都让雨水给冲走了！"

老和尚温和地说："没关系，冲到哪儿就让它在哪儿发芽生根，一切都让它顺其自然吧！"

半个月后，小沙弥惊奇地发现，原本光秃秃的后院居然长出了一片青翠可人的绿色小苗，之前没有撒种的地方也泛有绿意。

小沙弥高兴得合不拢嘴，对师父说："师父，太好了，咱们种的草籽儿发芽了，而且没有播种的地方也有小草长出来。"

师父慢慢地点着头说："顺其自然就好。"

这个故事的禅理告诉我们，人生于天地之间，如同这草籽儿一样，境遇很难被自己所把握。既然把握不了，那就学会随遇而安吧，什么样的生活不是人生呢？

每年春节过后，火车上就会看到背着大包小包的农民工。他们挑着铺盖卷在无名小站下车，在上无片瓦、下无寸土的地方尝试开辟新生活。

他们不断迁徙，在哪里落地，就在哪里发芽，就在哪里重新建立自己的家，这不就是随遇而安的一种最好体现吗？

苏东坡以一篇《刑赏忠厚之至论》震惊朝野，一时成为满朝瞩目的焦点，那是何等风光。但"乌台诗案"一发，他瞬间被贬还几近身首异处，又是何等凄惶。无论是风光还是凄惶，他始终能够坦然处之，并尽自己最大的可能实现自己的抱负，为国为民尽自己的绵薄之力，终于成为一代名士。

"夜饮东坡醒复醉，归来仿佛三更。家童鼻息已雷鸣，敲门都不应，倚杖听江声。长恨此身非我有，何时忘却营营。夜阑风静縠纹平，小舟从此逝，江海寄余生。"从这一曲《临江仙》中，我们不难看出东坡先生豁达的人生态度。

随遇而安，说到底讲究的是一个"随"字，随缘、随分、随意、随遇，总之是一切顺其自然。

"随遇而安"的生活态度，能使人较好地适应周围环境，无论它发生多大的变化，都能入乡随俗、随方就圆。

当你陷入一种不好的境遇，又无力改变现状的时候；当你生活突然发生变故，需要重新开始的时候；当你想摆脱目前的现状，却不知道下一步该如何去做的时候，不妨随遇而安吧。

随遇而安是一种适应，更是一种接纳，它能创造勇气和胆识，使人接受新的困难和挑战。

境遇不佳时，喋喋不休地抱怨，为失败找借口，都只会徒增更多苦恼。计较很多，未必得到很多。在遇到问题时，第一要做的就是接受，然后把眼下力所能及的事做好。

一个和尚问师父："什么是佛？"师父问："你吃饭了吗？"和尚说："吃过了。"师父说："那就洗碗去。"

其实，道理很简单，吃饭之后，就去洗碗；该睡觉时，就去睡觉。守住自己清净自然的本心，不被外境所迷，不被妄念所转，这才是安住当下。

当然，随遇而安是建立在你对生活的追求和目标上的。它并不是让你变得庸碌，而是帮助你克制在逆境时产生的躁气，保持头脑冷静，在现有的条件下做到最好，同时找到适合的出路。

生活中的事往往如此，许多求之不得的事，反而在不经意间就来到你的身边了。不用想太多，只要尽力做好，随遇而安就行了。

3. 将过去的一切抛开，做最开心的自己

一路走来，生活中总会有一些牵绊，一些事情也总是无法放下，这些看不开的事令人沮丧。

静心细想，许多事情并不是真的毫无办法，也没有什么事情能完全使人手足无措，只要我们淡然处之，放下执念，那么没有

什么能左右我们的情绪，也没有什么能够把我们牵绊。

放开执念，心诚则灵。我们总是劝解他人遇事要看开一些，但实情是"事不关己，高高挂起；事若关己，内心则乱"。面对他人的困扰，我们尚能做个局外人，保持清醒的头脑，一旦身在其中，那么曾经引以为傲的定力便会消失不见。

我们平时所谓的看得开，其实不是真正的看得开，真正的看得开是一种释怀，是来自心灵深处的放松。

很久以前，在非洲的某国人们都不穿鞋，而是赤着脚走路的。

一次，国王去往偏僻的乡下，但是那里路面崎岖，十分难走，细碎的石子深深地刺痛了这位国王的脚板。国王回到王宫后，命令把国内所有的道路都铺上牛皮，这样百姓走在上面，就不会被崎岖的路面刺到脚板。这该是一件利国利民的好事。

可是国王忘记了土地辽阔，这么多的道路，即便是把国内的牛全部杀光，也远远不够铺路所需，而且花费的资金、人力、物力，更是难以想象。百姓深知国王颁布了一道愚蠢的旨令，但没有人敢违抗，大家都敢怒不敢言。

这时有一位聪明的大臣，大胆地向国王提出了建议："敬爱的国王，我们为什么要花费这么多的金钱、人力、物力呢？何不用两小块牛皮包裹住脚，这样将节省很多资源呀！"

国王听后觉得非常有理，十分高兴地采纳了这个建议。于是，后来便有了"皮鞋"。

改变世界过于异想天开，但我们可以尝试改变自己，去适应世界。如果你现在正处于逆境，或者你对现状不满，那么不要抱怨，调整自己的想法和心态，努力去适应面对，很快就会有转机。

古希腊哲学家柏拉图曾经向弟子们称自己会移山术，弟子们便纷纷向柏拉图请教方法。柏拉图说："很简单,山若不过来,我就过去。"其实,世间哪里有什么移山之术呢?柏拉图是向弟子传达一个哲理:当你无法改变现状时,便自我改变。

人们总爱对无法得到的一个东西抱有幻想,有时候为了得到,不惜弄得头破血流,却又总是一无所获。为什么我们总是喜欢执着于那些东西,难道那真是生命中无可替代的吗?

不,我们不愿放弃的并非是那些东西的本身,而是一颗已经深陷执念的心。若能敞开胸怀,放下执念,又谈何悲伤与彷徨呢?

有这样一个故事:安迪森遭遇了前所未有的不幸,股市的狂跌使得他半生积攒下来的财富在一夜之间消失殆尽。

这个现实让安迪森无法接受,他感觉自己每时每刻都被悲观、绝望包围着。一天晚上,安迪森沮丧地在一座大桥上徘徊。

望着桥下奔流的河水,他似乎听到有一个声音在对他说:"跳下去吧,只要向前多迈一步,一切都解脱了。"

就在这时,安迪森忽然听见不远处传来了一阵低低的哭泣声。他循着声音找了过去,发现一位女子正俯身在不远处的栏杆上,看样子,她哭得很伤心。

安迪森暂时忘了自己的痛苦,走上前去问:"姑娘,恕我冒昧,请问你哭得如此伤心,是发生了什么事吗?"

女子转过头,看见安迪森一脸友善,便向他诉说起自己的不幸遭遇。原来,这位女子被相爱多年的男友抛弃了,于是便觉得人生从此失去了意义。

安迪森听后,不禁笑了起来,说道:"原来只是这样,那你完全没有必要这样难过。回想一下,在你没有和男友结识之前,你不是也曾活得好好的吗?"

女子听了安迪森的话，似乎茅塞顿开，她很快擦干眼泪并露出了笑容："我懂了，谢谢你，以后我一定不再为了这个而难过，我会好好珍惜自己的。"说完，还十分诚恳地向安迪森深深鞠了一躬。

望着女子渐渐远去的背影，安迪森也回想起自己的遭遇。我在安慰别人的时候那么理智清醒，而换到自己头上呢？想当初，我不也是两手空空吗？如今，只不过是从头来过罢了。

于是，安迪森带着一身轻松回到了家。

有人说过，过去的就让它过去，就像云烟会随风飘散一样。我们不应该沉浸在过去已经发生而且无法改变的事情当中，那只是昔日的惆怅或者辉煌。

无论何时，我们都应该相信，时间确实是可以冲淡一切的药品。不管你曾体验过的是辛酸苦辣、肝肠寸断的困境，还是曾拥有过何等辉煌的事迹，都会在岁月的流逝中渐渐被磨平。

所以，我们根本没有必要让往事束缚住自己的手脚，或让自己过多地沉浸在或甘或苦的回忆中。

佛说，执着是苦。把那早该埋葬的是是非非从残碎的记忆中抽出来埋葬掉，反而会成全另一份美丽。

人生一世，升沉不过一秋风。"升"是指人生处在上升期，这个时候感到春风得意是再自然不过，"升"能使人体会到自我价值的实现，得到心灵的满足；"沉"则是指人生处在低谷，"沉"带来的情绪低迷、自我否定不仅不利于走出阴郁，更加不利于今后的发展，自身情绪不能稳定，那么如何去做好其他事情呢？

把执念的手放开，轻松地做回自己。太过执着只会让我们感到疲累，放下牵绊，人生会更幸福。

4. 今天的风景，当下欣赏最好

相信大家对"活在当下"这个词并不陌生。我们总在回忆过去的美好，或者期待更加辉煌的明天，却唯独忘记欣赏今天。

很多时候，人们之所以感到不够幸福，是因为在忙碌地追求更好的过程中，忽略了身边的美景。

有一对郎才女貌的夫妇，新婚之夜男人特意为女人制造了浪漫的惊喜，而婚后两人的生活也过得甜蜜：女人总不忘了早起为男人准备早餐，为他套上西装、系好领带。

男人也总在出门之前，给女人一个深情的拥抱和吻。

这样浪漫的生活持续了一年。

一年后，他们拥抱的次数渐渐减少；

两年后，他们不再愿意主动跟对方去为了任何一件小事而沟通；

到了第三年的时候，他们争吵的次数越来越多。

就这样，矛盾增多了。女人生气的原因，是因为男人常常忽略自己——她换上新裙子，他居然没能在第一时间发现她的美丽；男人则为了一些琐事和女人发脾气，结婚三年，她却忘记了他喝咖啡是不加糖的。

慢慢地，男人总是借口加班不回家，女人也懒得做饭。他们都在感叹，随着时间的推移，感情被时间冲淡了。

某晚，他们又因琐事而发生争吵。女人抱怨男人不再爱她了；

而男人觉得女人简直就是不可理喻。

双方谁也不肯让步，气愤的男人，把花瓶摔在了地上。

花瓶破碎的声音，使屋子安静了下来。那个花瓶对他们来说，可是意义非凡，那是朋友送给他们的新婚礼物。破碎的声音让他们想起了新婚之夜的甜蜜和感动，两人都沉默了。

过去的事情又浮现在他们的脑海。女人在捡碎片的时候，手指被划破了，男人紧紧抓住了她的手，并为她仔细包扎。那一刻，女人看到了他们的爱还在。也就是在这个时候，她终于明白了：随着时间的推移，爱没有被时间冲淡，只是爱被沉淀了。

后来，两人重归于好，互相理解，他们开始了平淡而又幸福的婚姻生活。

幸福其实离我们并不遥远，只是不同阶段，幸福的标准不同罢了。正因为如此，不同的阶段才散发着不同的魅力。既然想去拥抱幸福，为什么不用美好的眼光去看待这个世界呢？

不管阴晴雨雾，还是春夏秋冬，我们的生命始终美好。

有个年轻人跟随一位书法家学习书法，他喜欢先用废旧的报纸来练习书法。他十分努力，日复一日学习了一年多，却发现自己一点长进都没有，他百思不得其解，真是太奇怪了。

年轻人感到很苦恼，觉得自己的努力白费了，就跑去问老师："老师，我已经练习了一年了，也很努力，为什么一点进步也没有，是不是我没有天分啊？"

书法家回答道："这与天赋无关，是因为你用的纸不对。从今以后，你就用最好的纸练习吧，肯定会有意外的收获。"

于是，年轻人依言而行。果不其然，没用多长时间，他的书法水平就有了突飞猛进的增长。

年轻人甚是不解，便又跑去向老师讨教缘由。

书法家答道："你用废纸练习书法的时候，就像打草稿一样，自然容易大意，即使写不好，你也不会太在意。当换用最好的纸练习书法后，你会心疼纸张的金贵，所以会格外小心和投入，每一笔都是用心书写的。用心书写，书法水平自然会有提高。"

生活和书法的道理一样。我们总是和快乐失之交臂，就是因为这种"草稿心态"在作祟，要知道，生活可没法子打草稿，时间走了就不能回头。

活在当下，就要把当下看成昂贵的宣纸，应该珍惜眼前的美好，而不是坐吃海喝等待明天。话虽粗糙，但是在理。

每天醒来，我们都要告诫自己，每一天都是特别的，过好每一分钟，幸福才会离我们越来越近。

所以，请不要只顾欣赏酒柜里的美酒，而是把它打开来享用。假如你总是在原地等待所谓的最好、最幸福，那么，这一刻将永远不会到来。

5. 幸福若是蝴蝶，做一只吸引它的花朵

不同的人对幸福的感受不同。人与人的境遇相异，看待幸福的角度也便有所不同。对上进心较强的人来说，事业成功是幸福；对历尽磨难的人来说，平安是幸福；对乐于助人的人来说，帮助他人便是幸福；对一个知足的人来说，每一天都是幸福。

我们把幸福比喻成一只蝴蝶，你去追它，它会远远地飞离，

但当你平静地等待，它却会围绕在你身边。所以，幸福不是苦苦追寻就能得到的。

美国教育家杜朗曾经试图寻找幸福的出处，却发现：

从知识里找幸福，得到的只是幻灭；

从旅程中找幸福，得到的只是疲倦；

从财富里找幸福，得到的只是争斗；

从写作中找幸福，得到的只是劳累。

《健康大讲堂》节目中，主持人向观众发问："现在有哪位自认为是观众当中年纪最大的？"

"我想我可能是最年老的。"一位老妇人微笑着回答说，"我今年已经89岁了。"

主持人说："老奶奶，您很幸福吧，因为您看起来非常快乐，您可不可以给我们这些年轻人讲讲追求幸福的要义呢？"

"我从来没有追求过幸福，年轻人。"老妇人说，"我只是好好过我的生活，保持一颗平常心，时常找个地方坐坐休息，让幸福来追求我。"

抱定一颗平常心，幸福就会登门而来。每个人的幸福程度取决于他们对人生不同的理解，而感知到幸福的关键，要看是否拥有一颗平常心。拥有一颗平常心，平静地面对生活中的磨难，不抱怨，不悲叹，不放纵，不放弃，就能看到幸福的光临。

心态不同，看问题的角度不同，对得失的看法也就不同。

拥有上亿资产的富人和只有千元家当的穷人，同样拿出10元钱去买彩票，而且都中了1000元的奖金。

穷人拿到奖金乐翻了天，这笔意外之财让他的财富增加了一倍；富人却为只中了区区1000元而闷闷不乐，抱怨自己的运气不好，因为他期望的是 1000 万大奖。同样的 1000 元奖金，不同心态的人所表现出来的情绪会有如此大的差异。

幸福是一种感觉，贪婪的人永不满足，有着平常心的人却能享受每一份喜悦。

禅宗师父爱用"云在青天水在瓶"来启发弟子，劝诫弟子要保持一颗平常的心态，宠辱不惊。在禅宗看来，平常心就是道，就是禅，这是禅宗哲学的核心。

禅宗里所说的平常心，是指随遇而安、顺其自然的心态，乏了便睡，饿了便吃，累了休息，冷时取暖，热时寻荫，无所强求，自然自在。

平常心是一种良好的修养，无论是范仲淹的"不以物喜，不以己悲"，还是李嘉诚的"好景时，绝不过分乐观，不好景时，也不过分悲观"，都是平常心的真实写照。

"非淡泊无以明志，非宁静无以致远。"豁达与平和是平常心的本质，而平常心表达着一种生活理念。

我们要学会用平常心去处理一切事物，去消除狭隘和狂傲，去除浮躁和虚华，直面人生，在淡然中得到人生真味。

幸福的前提，是要拥有一颗平常心。保持一颗平常心，在生命中的分分秒秒中体味快乐，幸福自然会相伴左右。

6. 回头想再寻找时光，青春早已不在

如果说人生是一场旅行，那么在这趟旅行中无论是一马平川，

还是险山沟壑，都要保持一颗无所畏惧的心，才能一步步爬上生命的高峰，看到别人看不到的风景。如果总是停滞不前，驻足眼前的风景，就会错过远处更美好的，只剩遗憾。

曾经读到过这样一个故事：萨依特34岁当上了副市长，不过，就在他仕途一帆风顺之时，一场特大火灾使他不幸被免职。

萨伊特被免职后，身边仍不乏一些地位显赫的朋友，譬如高官、富翁和大财团的董事，等等。他们一谈及萨依特时，就纷纷扼腕叹息，认为萨依特在被免职后内心一定很痛苦，至少会来求他们帮忙。

谁承想，被免职的萨依特回到了乡村，过上了平民的生活。

萨依特在自家的院子里开辟了一小块菜园，种起了各种蔬菜，日子过得有滋有味。闲暇时他就走村串巷，在各地收集一些民间陶器，作为他日常的爱好。

乡村的生活令萨依特感觉很舒心，他既不用去理会他人的富贵，更不用羡慕他人的生活方式，每天都安闲愉快。

萨依特凭借自己的知识和才能，不久就在收藏方面有了颇高的建树。几年过去，他的收藏品中已有几十件珍宝，于是萨依特开始了藏品买卖，他的每一笔生意都高达上千万美元。

渐渐地，开始有人问萨依特，为什么可以在收藏业上有如此大的成就。萨依特回答说，其实答案并不难，好好地做自己，别去羡慕不属于自己的生活，只要清清静静地过日子就很容易让自己沉静下来，可以安心去鉴别珍宝。

萨依特正是明白了自己生活的重要性，才使自己摆脱了烦恼，并在收藏事业有了一定的造诣，最终成长为世界级收藏大师。

的确，我们的生活常常被打扰，让我们感到不安，原因就是他人的生活模式干扰了自己。总是羡慕别人的生活，自己就会因此变得混乱和迷茫，最终无法安宁。

与其失去自我地去羡慕别人的生活，不如多用些精力来关注自己的生活，这样才会过好自己的日子。

有人常说："美好的风景在别处"，这是对未来生活的一种幻想。渴望改变现状并没有错，但若过分重视将来，就会失去对现有美好的珍视，实在得不偿失。

况且，别处的风景也不是全都很美。

我们每天努力工作，认真生活，只为创造一个美好的未来。年轻时的自己总在为将来的自己而忧心忡忡，担心自己未来是否美好，如今实现了从前的梦想，可是却还在期盼着一次又一次地改变，总希望看到自己更远的将来的生活。

职场中，不是每个人都可能成为最高层管理者中的一员。但即使是高层管理者，也有自己的难题所在。

世上没有免费的午餐，老板每付出的一笔薪水，都希望所获得的回报是物超所值。可想而知，位居高层管理者的工作压力不小，几乎可以说是与其所拿到的薪酬成正比。

所以说，成为高层管理者难道就是最美好的未来吗？显然不是。所谓不在其位不谋其政，只有老板明白，当老板需要承担多大的风险。

因此，握在自己手上的幸福才是最真实的。

无论如何，暂时放下对别处风景的幻想吧！每个人都有一片属于自己的天地，有自己的快乐和幸福，他人的生活不会属于你，过好当下才是最好的追求。

7. 扫除内心阴霾，迎接幸福的阳光

国学大师翟鸿燊在一次讲座中说："思考不仅仅是用脑袋，还要用心。中国传统文化中的这个'心'，不是指心脏，是心智模式、心性……看到这张脸就知道你的内在，这是很关键的。相由心生，改变内在，才能改变面容。一颗阴暗的心托不起一张灿烂的脸。有爱心必有和气；有和气必有愉色；有愉色也必有婉容。"

翟鸿燊的话告诉我们，外在的表现都是由心所产生：快乐、悲伤、烦恼、痛苦的表情皆是内心写照，它不受外界因素的制约。对于同样的事物，人的心态不同，其结果也是不同的。

对此，有这样一则故事可以说明：小和尚刚到寺庙不久，老和尚分配给他的任务是每天把寺庙的院落清扫干净。

时值秋季，寺院里有很多落叶。所以，清扫这些落叶便成了一件苦差事，小和尚每天都要花上很多时间才能将落叶清扫干净。

但是，每一次秋风过后，落叶又再次飘舞飞落，小和尚便还需继续打扫，这让他痛苦不已。

其他的和尚给他出主意："你每天在扫院落前先用力摇树，把那些将落的叶子晃下来，清扫一次后，明天就不用打扫啦。"

小和尚觉得很有道理，就按这个方法实行了。

清晨他起了大早，奋力摇树，然后自认为已把今明两天的落叶都一次清扫干净了，这让他一整天都心情大好。

谁知第二天，小和尚刚到院子便傻眼了，落叶依旧铺满地。

这个时候老和尚走了过来，垂眉低语道："无论你今天如何用力，明天的落叶依旧会飘落的。"

小和尚听了终于顿悟，是啊！世界上很多事情是不能提前做的，认真做好当下才是最为真实的人生态度。

小和尚的内心忽然产生了一种满足和快乐，他心中的苦恼、疲惫、失落统统消失得无影无踪……小和尚认识到清扫落叶这份苦役蕴含的哲理，于是他不再抱怨和焦虑了。

不同的心态，将导致不同的结果。当他将清扫落叶当做一种苦役时，心中就充满了烦恼、痛苦和绝望；当他将清扫落叶当做一件有意义的事时，心中便充满了满足和快乐，最终也获得了心灵的解脱。

可见，烦恼和快乐只在一念之间。用悲观的心态看待事物，最终只能收获烦恼和痛苦；用乐观的心态看待事物时，就能获得快乐和满足。

有这样一个故事：约翰·杰西已过了不惑之年，他最为在乎和担心的就是自己两个可爱的儿子。他们虽年龄相仿，但是脾气秉性却大相径庭。大儿子路易斯生来悲观，总是一副忧心忡忡的样子；而二儿子亚德却生来活泼，每天都乐呵呵的。

为了让路易斯快乐，约翰平时对他加倍偏爱。

有一年的圣诞节前夕，约翰·杰西想看看两个孩子的反应，于是便特意给他们准备了完全不同的礼物，在夜里悄悄地挂在了圣诞树上。第二天早晨，哥俩早早地起床，兴致勃勃地想知道圣诞老人给自己的礼物。

路易斯收到了很多礼物，足球、崭新的自行车、羊皮手套等，可是他一件件取来的时候却越来越不高兴。

约翰问道："怎么？这些礼物你都不喜欢吗？"

路易斯难过地说："这自行车虽然漂亮，若是撞在树干上我受了伤可怎么得了。这羊皮手套虽然好，但是保不准我戴着出门时在哪里会刮破，会增添许多烦恼。足球更不要说了，我总有一天会把它踢爆的，到时候可怎么办啊！"说完竟大哭起来。

约翰看到这些，什么都没有说便出去了。

刚一出门，约翰便看到自己的小儿子亚德，拿着一个纸包笑个不停。约翰大惑不解，因为纸包只有一包马粪，他实在不明白亚德在圣诞节收到这样一份礼物如何能够笑得这么开心。

于是约翰问亚德："你为什么这么高兴？"

亚德边笑边说："我的礼物是一包马粪，我想一定有一匹小马驹在我们家里。"随后他开始寻找，果然在屋后面找到了一匹小马驹，随后亚德开心地大跳大笑。

约翰见此场景，也开心地笑了起来。

快乐或悲伤完全取决于我们的内心。

乐观的人更在意事物光明的一面，而悲观的人心里总是抓着黑暗不放，得到什么都不会快乐。这一切情绪都是我们自酿自尝，根本不能赖到周围的人和事上。

生活中，我们忧虑的主要来源并非外物发出的"危险信号"，而是更多源于我们内心的想法。但是，我们的忧虑，是不能改变任何事实的。

人生苦短，生命也只是一个过程。快乐是一天，悲伤也是一天，何不将内心的阴霾打扫干净，去迎接快乐和幸福的阳光呢？